电网企业 **劳模培训** 系列教材

变压器

国网浙江省电力有限公司　组编

中国电力出版社
CHINA ELECTRIC POWER PRESS

内 容 提 要

本书是"电网企业劳模培训系列教材"之《变压器》分册，采用"项目—任务"结构进行编写，以劳模跨区培训对象所需掌握专业知识要点、技能要领两个层次进行编排，包括变压器本体及附件结构、变压器安装、变压器本体及附件检修、变压器巡视、变压器试验、有载调压分接开关机构二次回路、变压器故障案例七部分内容。采用图文并茂解说变压器的专业技能等内容。

本书可供电网公司运检人员学习参考。

图书在版编目（CIP）数据

变压器/国网浙江省电力有限公司组编. —北京：中国电力出版社，2018.12
（电网企业劳模培训系列教材）
ISBN 978-7-5198-2667-3

Ⅰ.①变… Ⅱ.①国… Ⅲ.①变压器-技术培训-教材 Ⅳ.①TM4

中国版本图书馆 CIP 数据核字（2018）第 273092 号

出版发行：中国电力出版社
地　　址：北京市东城区北京站西街 19 号（邮政编码 100005）
网　　址：http://www.cepp.sgcc.com.cn
责任编辑：王蔓莉（010-63412791）
责任校对：黄　蓓　郝军燕
装帧设计：赵姗姗
责任印制：石　雷

印　　刷：北京时捷印刷有限公司
版　　次：2018 年 12 月第一版
印　　次：2018 年 12 月北京第一次印刷
开　　本：710 毫米×980 毫米　16 开本
印　　张：14.75
字　　数：207 千字
印　　数：0001—2000 册
定　　价：56.00 元

编 委 会

丛书序

国网浙江省电力有限公司在国家电网公司领导下，以努力超越、追求卓越的企业精神，在建设具有卓越竞争力的世界一流能源互联网企业的征途上砥砺前行。建设一支爱岗敬业、精益专注、创新奉献的员工队伍是实现企业发展目标、践行"人民电业为人民"企业宗旨的必然要求和有力支撑。

国网浙江公司为充分发挥公司系统各级劳模在培训方面的示范引领作用，基于劳模工作室和劳模创新团队，设立劳模培训工作站，对全公司的优秀青年骨干进行培训。通过严格管理和不断创新发展，劳模培训取得了丰硕成果，成为国网浙江公司培训的一块品牌。劳模工作室成为传播劳模文化、传承劳模精神，培养电力工匠的主阵地。

为了更好地发扬劳模精神，打造精益求精的工匠品质，国网浙江公司将多年劳模培训积累的经验、成果和绝活，进行提炼总结，编制了《电网企业劳模培训系列教材》。该丛书的出版，将对劳模培训起到规范和促进作用，以期加强员工操作技能培训和提升供电服务水平，树立企业良好的社会形象。丛书主要体现了以下特点：

一是专业涵盖全，内容精尖。丛书定位为劳模培训教材，涵盖规划、调度、运检、营销等专业，面向具有一定专业基础的业务骨干人员，内容力求精练、前沿，通过本教材的学习可以迅速提升员工技能水平。

二是图文并茂，创新展现方式。丛书图文并茂，以图说为主，结合典型案例，将专业知识穿插在案例分析过程中，深入浅出，生动易学。除传统图文外，创新采用二维码链接相关操作视频或动画，激发读者的阅读兴趣，以达到实际、实用、实效的目的。

三是展示劳模绝活，传承劳模精神。"一名劳模就是一本教科书"，丛书对劳模事迹、绝活进行了介绍，使其成为劳模精神传承、工匠精神传播的载体和平台，鼓励广大员工向劳模学习，人人争做劳模。

丛书既可作为劳模培训教材，也可作为新员工强化培训教材或电网企业员工自学教材。由于编者水平所限，不到之处在所难免，欢迎广大读者批评指正！

最后向付出辛勤劳动的编写人员表示衷心的感谢！

丛书编委会

前　言

变压器是电力系统重要的主设备，是发电、输电、配电环节都必不可少的设备。变压器运检技术的应用对于保证国家电网公司各级电网安全可靠运行具有至关重要的意义。为切实提高电网运检人员技术技能水平，确保变压器运检工作规范、扎实、有效地开展，特编写本书。

本书结合目前变压器运检工作的实际情况编写而成，提供变压器专业知识、规程规范及要求掌握的实际技能。以变压器本体及其各附件结构为基础，立足运维检修，兼顾安装维护，全面阐述了安装、运维和检修相关内容。同时以现场实际案例为依托，通过介绍变压器本体及各附件在运行过程当中常见缺陷和故障的分析与处理，将本书中内容与现场实际有机结合，旨在帮助员工快速准确判断、查找、消除设备故障，提升员工现场作业、分析问题和解决问题的能力，规范现场作业标准化流程。

本书内容立足生产现场实际，侧重实际操作，具有内容丰富、实用性和针对性强等特点。通过对本书的学习，读者可以快速掌握变压器运检技术，提高自身的业务水平和工作能力。

本书在编写过程中得到了倪钱杭、巫震、万晓、汪卫国、李少白、李懂懂等专家的大力支持，在此谨向参与本书审稿、业务指导的各位领导、专家和有关单位致以诚挚的感谢！

限于编写时间和编者水平，书中难免有不妥或疏漏之处，敬请专家和读者批评指正。

编　者

2018 年 12 月

目　录

勤恳工作，宽以待人

——国家电网公司劳模吕朝晖个人简介

吕朝晖

国家电网金华供电公司变电检修室主任，高级工程师，高级技师。先后获得国家电网公司劳动模范、国家电网公司优秀技能专家人才、金华市直机关工委"优秀共产党员""金华公司优秀兼职教师"等荣誉，受聘为首届浙江省电力公司内训师、浙江省电力公司培训中心浙西分中心外聘教师。他熟练掌握变电设备及其在国内外发展的趋势，开发、研制的"变压器压力释放阀防雨罩"等十五项成果取得国家专利，并在电力系统的实际应用中取得显著成效，主持QC课题多次获得全国QC成果一、二等奖，主持的群创项目"主变非电量保护装置优化研究"获浙江省电力公司群众性科技创新优秀成果，主持的"变电运检一体化的创新实践"获国家电网金华供电公司2015年度优秀管理创新成果一等奖。在各类技术刊物上共发表专业技术论文七篇，其中独立撰写的论文《变电设备状态检修管理现状分析》在《中国电力企业管理》杂志社发表，并荣获"浙江电力优秀管理论文"大赛一等奖，撰写的专著《110kV变压器及有载分接开关检修技术》《110千伏变电站电气设备检修技术》在中国水利水电出版社出版发行。

项目一

变压器本体及附件结构

》【项目描述】

本项目介绍变压器本体及各附件结构及原理。通过结构讲解及原理分析，了解变压器的工作原理，掌握变压器本体及各附件的结构及作用。

任务一 变压器本体结构解析

》【任务描述】

本任务主要讲解变压器本体的结构组成及原理。通过结构介绍及原理分析，了解变压器的工作原理及型号含义，掌握变压器本体的结构组成。

》【知识要点】

一、变压器基本结构及工作原理

变压器的基本结构部件是铁芯和绕组，它们组成变压器的器身。为了改善散热条件，大、中容量变压器的器身浸入盛满变压器油的封闭油箱中，各绕组与外电路的连接则经绝缘套管引出。为了使变压器安全可靠地运行，还设有储油柜、气体继电器和压力释放阀（安全气道）等附件。其外形图如图 1-1 所示。图 1-2 是变压器的结构示意图及电气符号。

铁芯是变压器的磁路部分，绕组是变压器的电路部分。变压器是根据电磁感应原理工作的，是以相同的频率，在两个或更多的绕组之间变换交流电压和电流而传输交流电能的一种静止电器。

二、变压器型号含义

变压器的种类繁多，需要用产品型号把所有的特征均表达出来。变压器产品型号是由汉语拼音的字母及阿拉伯数字组成的，每个拼音和数字均代表一定含义。

图 1-1 变压器外形图

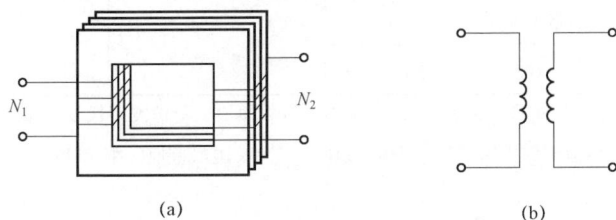

（a）   （b）

图 1-2 变压器结构示意图及电气符号

（a）变压器结构示意图；（b）变压器电气符号

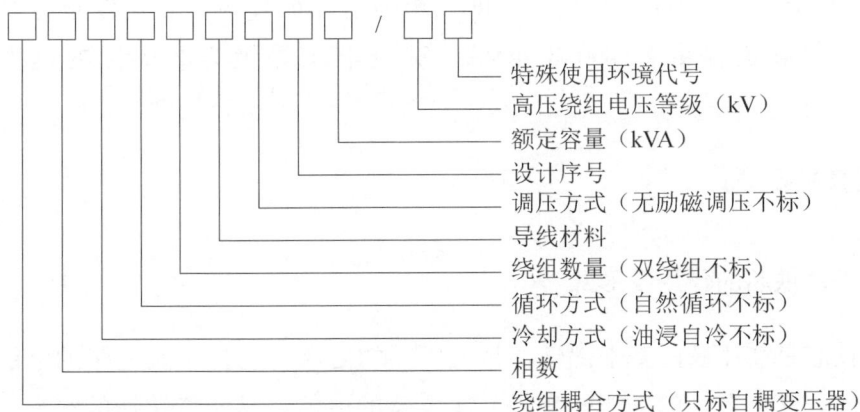

特殊使用环境代号
高压绕组电压等级（kV）
额定容量（kVA）
设计序号
调压方式（无励磁调压不标）
导线材料
绕组数量（双绕组不标）
循环方式（自然循环不标）
冷却方式（油浸自冷不标）
相数
绕组耦合方式（只标自耦变压器）

3

电力变压器产品型号字母排列顺序及含义见表 1-1。

表 1-1　　　　　　　　电力变压器产品型号字母排列顺序及含义

序号	分类	含义	代表的字母	序号	分类	含义	代表的字母
1	绕组耦合方式	独立	—	5	绕组数	双绕组	—
		自耦	O			三绕组	S
						双分裂绕组	F
2	相数	单相	D	6	绕组导线材料	铜	—
		三相	S			铝	L
3	冷却装置种类	自冷式	—	7	调压方式	无励磁调压	—
		风冷式	F			有载调压	Z
		水冷式	S				
4	油循环方式	自然循环	—				
		强迫油循环	P				
		强油导向	D				

注　在特殊使用环境的新产品应在产品的基本型号后面加上防护类型代号。船舶用 CY, 高原地区用 GY, 污秽地区保护用 WB, 干热带地区用 TA, 湿热带地区用 TH。

电力变压器产品型号举例:

S9-10000/35 表示三相油浸自冷双绕组铜导线、第 9 系列设计、额定容量 10 000kVA、额定电压等级为 35kV 的电力变压器。

OSFPSZ-150000/220 表示自耦三相强迫油循环风冷三绕组铜导线有载调压、额定容量为 150 000kVA、额定电压等级为 220kV 的电力变压器。

>> 【技能要领】

一、铁芯的作用及形式

铁芯是变压器的基本部件,是变压器的磁路,它把一次电路的电能转为磁能,又由自己的磁能转变为二次电路的电能,是能量转换的媒介。因此，铁芯由磁导率很高的电工钢片（硅钢片）制成。

铁芯有壳式和心式两大基本结构形式。它们的主要区别在于磁路，即铁芯与线圈的相对位置。铁芯被线圈包围时称为心式，其结构比较简单，绕组的安装和绝缘也比较容易，是应用较多的结构形式，如图 1-3（a）所示。线圈被铁芯包围时称为壳式，绕组除中间穿过铁芯外，还部分被铁芯所包围，如图 1-3（b）所示。

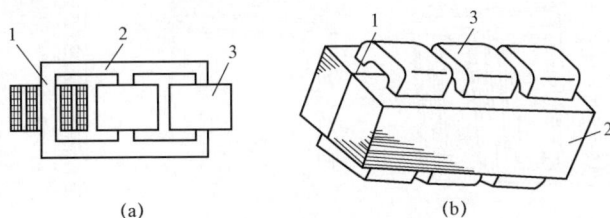

图 1-3 铁芯的两种主要结构形式

（a）心式；（b）壳式

1—铁芯柱；2—铁轭；3—线圈

一般情况下，壳式铁芯是水平放置的，心式铁芯是垂直放置的。大容量的心式变压器由高度所限，压缩了上下铁轭的高度，以增加旁轭的办法做磁路，将变压器铁芯做成单相三柱（旁轭）式或三相五柱式。但是它们仍保留心式结构的特点，因此它们虽有包围线圈的旁轭，仍属于心式结构。

心式铁芯结构是我国变压器制造厂普遍采用的铁芯结构形式，它具有以下优点：

（1）铁芯可先叠装成形，然后在铁芯柱上套装已绕好的线圈。

（2）线圈为圆形，故绕制方便。

心式铁芯分为单相双柱式、三相三柱式、单相三柱（旁轭）式、三相五柱式、单相双框式、三相双框式等结构，如图 1-4 所示。心式铁芯的结构形式特征及适用范围见表 1-2。

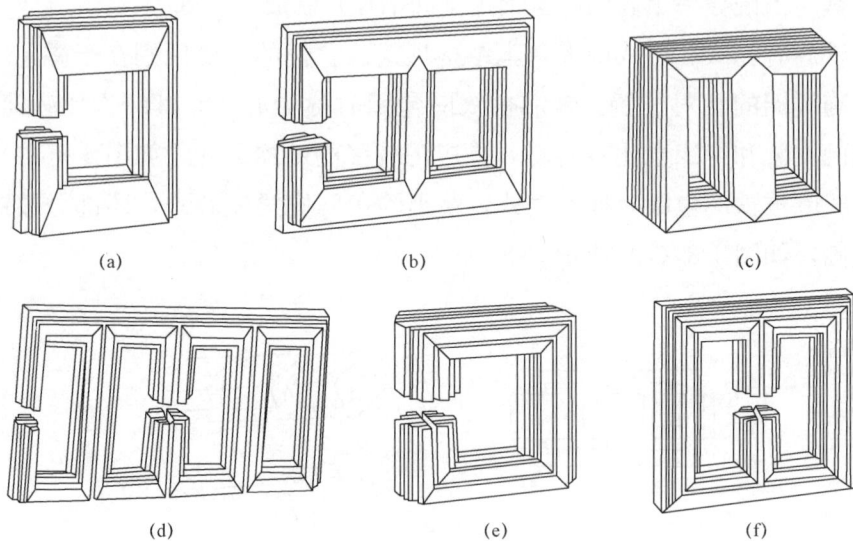

图 1-4 心式铁芯的主要结构形式

（a）单相双柱式；（b）三相三柱式；（c）单相三柱（旁轭）式；

（d）三相五柱式；（e）单相双框式；（f）三相双框式

表 1-2　　　　　　　　　　心式铁芯的结构形式特征及适用范围

铁芯形式	结构特征	应用范围
单相双柱式	铁芯柱与铁轭在同一垂直平面内，以叠接方式连接，结构简单，工艺装备少，但叠装工作量大	为广泛应用的典型结构，适用于各类变压器
三相三柱式		
单相三柱（旁轭）式	铁轭高度降低，从而铁芯总高度降低，便于运输，并有助于减小结构损耗，但单框的硅钢片用量有所增加。单相的旁轭截面积为铁芯柱截面积的 1/2，三相的铁轭和旁轭，如磁通按正弦波考虑时，其截面积分别为铁芯柱截面积的 $1/\sqrt{3}$	单相的适用于中低压大电流变压器、高压试验变压器等。三相的适用于特大型变压器、电压互感器等
三相五柱式		
单相双框式	单相的由截面相等的内外两框构成，三相的由截面相等的一个外框和两个内框构成，在中间铁芯柱两端内外框有半数叠片连在一起。这种铁芯冷却效果好，并可改善空载性能	铁芯柱直径较大，叠片片宽超过硅钢片宽度的特大型变压器
三相双框式		

二、绕组的作用及形式

绕组是变压器的电路部分，通常采用绝缘铜线或铝线绕制而成。为满足电力系统各电压等级需要，大型变压器通常采用三绕组变压器，匝数最多者称为高压绕组，匝数较少者称为中压绕组，匝数最少者称为低压绕组。变压器绕组应具有足够的绝缘强度、机械强度和耐热能力。按高、中、低压绕组相互间排列位置的不同，可分为交叠式和同心式两种。

交叠式绕组是把高、中、低压绕组按一定的交替次序套装在铁芯柱上。这种排列方式绕组之间间隙较多，因此绝缘较复杂、包扎工作量较大。其优点是机械性能较高，引出线的布置和焊接比较方便，漏电抗也较小，故常用于低电压、大电流的变压器（如电炉变压器、电焊变压器等）。

同心式绕组结构简单，绕制方便，故被广泛采用。我国生产和使用的绝大多数是心式变压器，其绕组都是采用同心式结构。正常的三相心式 220kV 及以下变压器绕组排列如图 1-5 所示。

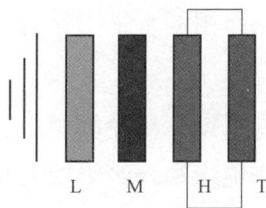

图 1-5　绕组排列

M—中压绕组；L—低压绕组；
H—高压绕组；T—调压绕组

同心式绕组是把高、中、低压绕组分别绕成直径不同的圆筒形线圈套装在铁芯柱上，在铁芯柱的任一横断面上，绕组都是以同一圆筒形线圈套在铁芯柱的外面，而这种圆柱形的绕组正适合同心式变压器绕组的布置。高、中、低压绕组之间用绝缘纸筒相互隔开。为了便于绝缘和高压绕组抽引线头，一般情况下总是将低压绕组放在里面靠近铁芯处，将高压绕组放在外面。高、中、低压绕组之间，以及低压绕组与铁芯柱之间都必须留有一定的绝缘间隙和散热通道（油道），并用绝缘纸板筒隔开。绝缘距离的大小，决定于绕组的电压等级和散热通道所需要的间隙。当低压绕组放在里面靠近铁芯柱时，因为它和铁芯柱之间所需的绝缘距离比较小，所以绕组的尺寸就可以减小，整个变压器的外形尺寸也同时减小了。

另外，与绕组不可分割的便是引线，引线是将外部的电能输入变压器，又将传输的电能输出变压器。一般分为绕组线端与套管连接的引出线、各相绕组之间的连接引线以及绕组分接头与分接开关相连的分接引线三种。引线应满足电气性能、机械强度和温升三方面的要求。引线在尽量减少器身尺寸的前提下，应保证足够的电气强度，对高压引线还要能满足局部放电的要求；长期运行的振动和短路电动力的冲击下，应具有足够的机械强度；对长期运行的温升、短路时温升和大电流引线的局部温升，不应超过规定的限值。

三、绝缘

1. 绝缘水平

变压器绝缘水平是变压器能够承受运行中各种过电压与长期最高工作电压作用的水平，是与保护用避雷器配合的耐受电压水平，取决于设备的最高电压。

根据变压器绕组线端与中性点的绝缘水平是否相同，变压器绝缘可分为全绝缘和分级绝缘两种绝缘结构。其中绕组线端的绝缘水平与中性点的绝缘水平相同的称为全绝缘；绕组的中性点绝缘水平低于线端的绝缘水平的称为分级绝缘。采用分接绝缘的变压器由于中性点的绝缘水平相对较低，可以简化绝缘结构，节省材料，减小变压器尺寸，降低制造成本。但分级绝缘的变压器只允许在110kV及以上中性点直接接地系统中使用。

220kV及以下电压等级的绝缘水平主要由工频耐受电压和雷电耐受电压决定。对于330kV及以上的变压器除工频耐受电压和雷电耐受电压外，还需要增加操作冲击耐受电压，这是因为超高压变压器的绝缘水平已很高，在现有的防雷措施下，大气过电压一般不如操作过电压的危险大。因此，绝缘水平主要由操作过电压来决定，而操作过电压又与防护措施有关。

2. 绝缘分类

油浸式变压器的绝缘分为外绝缘和内绝缘。外绝缘就是变压器油箱外部的套管和空气的绝缘，包括套管本身的外绝缘和套管间及套管对地部分（如储油柜）的空气间隙距离的绝缘。

内绝缘是指变压器油箱内各不同电位部件之间的绝缘，内绝缘可分为主绝缘和纵绝缘。用绕组的绝缘结构来分析，绕组的主绝缘包括：绕组对地之间的绝缘、不同相绕组之间的绝缘和同相的不同电压等级绕组之间的绝缘三部分。需要说明的是这里所指的地是变压器内部与大地相连接的各金属部件，它包括油箱、铁芯和金属夹紧件等。绕组的纵绝缘是指同一绕组的不同电位部分的绝缘，它包括相邻导线之间的匝间绝缘、圆筒式绕组不同层之间的层间绝缘和饼式绕组的不同线饼（段）之间的饼（段）间绝缘等。同样，引线及分接开关的绝缘也适用这种方法划分。

变压器的绝缘分类如下所示：

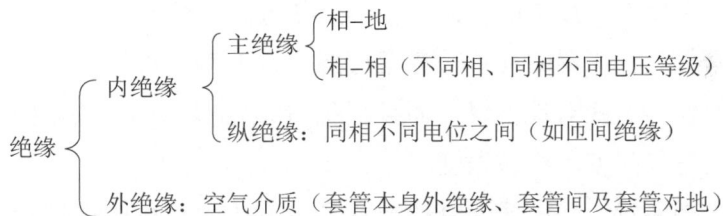

$$
\text{绝缘}
\begin{cases}
\text{内绝缘}
\begin{cases}
\text{主绝缘}
\begin{cases}
\text{相--地}\\
\text{相--相（不同相、同相不同电压等级）}
\end{cases}\\
\text{纵绝缘：同相不同电位之间（如匝间绝缘）}
\end{cases}\\
\text{外绝缘：空气介质（套管本身外绝缘、套管间及套管对地）}
\end{cases}
$$

此处的相是指同一相的绕组、引线和分接开关等导电部分。

任务二　变压器各附件结构解析

≫【任务描述】

本任务主要讲解变压器附件的结构及原理。通过结构介绍及原理分析，了解变压器附件的工作原理，掌握变压器各附件的结构及作用。

≫【知识要点】

变压器附件主要有油箱、绝缘套管、冷却装置、储油柜（油枕）、吸湿器、压力释放阀（安全气道）、气体继电器、分接开关、有载在线净油装置（净油器）、温度计、在线监测装置等。

（1）油箱。油浸式变压器油箱是变压器器身的外壳，具有容纳器身、充注变压器油及散热冷却的作用。同时，在油箱内部充斥着大量的变压器油，也是变压器运行必不可少的组件。变压器油的主要作用有：

1）绝缘。变压器油具有比空气高得多的绝缘强度。绝缘材料浸在油中，不仅可提高绝缘强度，而且还可免受潮气的侵蚀。

2）散热。变压器油的散热性好，常用作冷却剂。变压器运行时产生的热量使靠近铁芯和绕组的油受热膨胀上升，通过油的上下对流，热量通过散热器散出，保证变压器正常运行。

3）熄弧。变压器的有载调压开关上，触头切换时会产生电弧。由于变压器油导热性能好，且在电弧的高温作用下能分解产生大量气体，产生较大压力，从而提高了介质的灭弧性能，使电弧很快熄灭。

（2）套管。变压器的套管是将变压器内部的高、低压引线引到油箱外部，它不但作为引线对地绝缘，而且担负着固定引线的作用。因此，它应具有足够的电气强度和机械强度。

（3）冷却装置。变压器的冷却装置是将变压器运行中由损耗产生的热量散发出去，以保证变压器安全运行的装置。

由于变压器损耗的增加与容量的 3/4 次方成正比，而冷却表面积的增加只与容量的 1/2 次方成正比，所以变压器容量增大时必须采用冷却装置，以散发足够的热量。冷却装置一般是可拆卸式，不强迫油循环的称为散热器，强迫油循环的称为冷却器。

（4）储油柜。变压器油温是随着负载和环境温度的变化而变化，油温的变化使变压器油的体积发生热胀冷缩，为了补偿这部分热胀冷缩的体积，变压器必须安装储油柜。此外储油柜的作用还可限制变压器油与空气的接触面，减少油受潮和氧化的程度。

（5）吸湿器。吸湿器也称呼吸器，它是用于清除和干燥由于变压器温度变化而进入储油柜的空气中的杂志和水分。

（6）压力释放阀（安全气道）。压力释放阀目前已替代单纯的安全气道，普遍安装于大中型变压器上。变压器发生故障并使油箱内压力增加，当箱内的压力超过压力释放阀弹簧的压力时，压力释放阀能起到释放油箱内超常压力，保护油箱的作用。

（7）气体继电器。气体继电器（也称作瓦斯继电器）是油浸式变压器上的重要安全保护装置，一般用在 800kVA 及以上的变压器中。它安装在变压器箱盖与储油柜的连管上，在变压器内部故障产生的气体或油流作用下接通信号或跳闸回路，使有关装置发出警报信号或使变压器从电网中切除，达到保护变压器的作用。

（8）分接开关。为了稳定负荷中心电压、调节无功潮流或调节负载电流、联络电网，均需对变压器进行电压调整。而在无功功率充足的情况下，通过用分接开关来调整电压比较方便、可行。它是在变压器的某一绕组上设置分接头，当变换分接头时就减少或增加了一部分线匝，使带有分接头的变压器绕组的匝数减少或增加，其他绕组的匝数没有改变，从而改变了变压器绕组的匝数比。绕组的匝数比改变了，电压比也相应改变，输出电压就改变，这样就达到了调整电压的目的。

（9）有载在线净油装置（净油器）。变压器有载在线净油装置目前已替代净油器，该装置是为了解决有载调压开关切换油室内，由于电弧作用，绝缘油极易分解、老化并产生大量的游离碳和金属碎屑等，造成绝缘油击穿电压降低，介电性能变差等问题所研发的产品。它主要用于变压器有载分接开关绝缘油的过滤。

（10）温度计。为了监视变压器的运行温度，变压器需要安装温度计。按测量温度的部位不同，有测量上层油温的温度计和测量绕组温度的温度计。其中用于测量上层油温的温度计有玻璃温度计、压力温度计和电阻温度计三种。所有温度计的测温元件都应放入变压器箱盖上的温度计座内，并在温度计座内注入适量的变压器油，然后进行密封处理。

（11）在线监测装置。对电力变压器进行在线实时状态检测，及时掌握设备的状态，是十分必要的。目前变压器普遍安装了油色谱、特高频局部放电以及铁芯接地电流在线监测装置。

变压器油色谱在线监测主要是在变压器运行状态下，检测变压器油中气体的种类和含量。通过对故障特征气体含量监测，分析变压器内部故障性质以及发展趋势，同时结合运行情况进行综合分析，诊断设备状态。

特高频局部放电装置则是通过接收变压器局部放电产生的特高频电磁波，实现局部放电的检测和定位。

铁芯接地电流在线监测装置则是能够实时监测铁芯接地电流的大小，抗干扰能力强，精度高，及时发现铁芯多点接地、片间短路等故障。

在线监测装置可以做到实时监控，并将监测数据通过通信传输到后台，结合后台分析软件实现在线监测及故障报警，及时避免恶性事故的发生，更好地保障变压器运行安全，从而保证电网安全经济运行。

≫【技能要领】

一、油箱

作为变压器油的容器，油箱要密封性好，做到不渗漏油。变压器渗漏的原因主要有两个方面：一是焊缝渗漏，这决定于焊接工艺水平，也决定于焊接结构设计；二是密封渗漏，这决定于密封面的结构、密封材料的质量和安装工艺水平等方面。作为变压器的外壳，油箱应具有必要的机械强度。它除了承受变压器器身重量和所承载的附件的重量外，大型变压器还要能承受其所对应真空度的要求。

变压器油箱的结构形式一般分为箱盖式油箱（见图 1-6）、钟罩式油箱

图 1-6 箱盖式油箱

（见图 1-7）和密封式油箱三种。

图 1-7　钟罩式油箱

箱盖式油箱结构一般适用于 35kV 及以下的变压器。但有些国外产品为了减少油箱箱沿的油压，提高密封性能，在 110kV 及以上的变压器也采用箱盖式油箱，这种变压器在现场一般不做吊芯检修。

钟罩式油箱的变压器，只需吊开钟罩器身就暴露出来。由于钟罩外壳重量有限，因此现场就有条件进行吊罩，对器身进行充分的检修。一般 110kV 及以上的变压器多采用钟罩式油箱。

密封式油箱是在器身总装全部完成装入油箱后，它的上下箱沿之间不是靠螺栓连接，而是直接焊接在一起，形成一个整体，从而实现油箱的密封。由于这种油箱结构已焊为一体，因此现场如需吊芯检修将非常不便，所以这种变压器运抵现场和运行期间一般都不进行吊芯检修，这就要求变压器的质量应有可靠的保证。目前国内外一些大型变压器已开始采用这种结构。

二、套管

由于套管与绕组相连，绕组的电压等级决定了套管的绝缘结构。套管的使用电流决定了导电部分的截面和接线头的结构。所以，套管由带电部分和绝缘部分组成，带电部分结构有导电杆式和穿缆式两种。绝缘部分分为外绝缘和内绝缘，外绝缘有瓷套和硅橡胶两种，内绝缘有变压器油、附加绝缘和电容型绝缘。

在40kV及以下广泛使用的是单体瓷绝缘套管以及有附加绝缘的套管。而在66kV及以上电压等级，由于电压高，电场强度大，纯瓷绝缘套管已不能承受这种高电压，而充油式绝缘套管因技术较为落后，已被淘汰。目前都采用体积小、质量轻，具有较高击穿电压的电容式绝缘套管。

电容式套管利用电容分压原理来调整电场，使径向和轴向电场分布趋于均匀，从而提高绝缘的击穿电压。它是在高电位的导电管（杆）与接地的末屏之间，用一个多层紧密配合的绝缘纸和薄铝箔交替卷制而成的电容芯子作为套管的内绝缘。根据材质及制造方法的不同，可分为胶纸电容式、油纸电容式和干式套管。胶纸电容式套管虽然具有机械强度高、下部不需要瓷套而减少了尺寸、充油量少等优点，但由于介质损耗高，内部气隙不易消除而产生了局部放电、水分易侵入等缺点。所以目前不再在变压器上使用。下面主要介绍油纸电容式和干式套管。

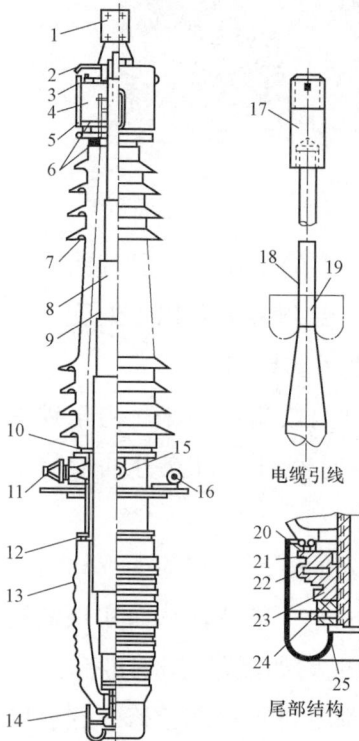

图1-8 油纸电容式套管结构

1—接线头；2—均压罩；3—压圈；
4—螺杆及弹簧；5—储油柜；
6、10、12、20—密封垫圈；
7—上瓷套；8—电容芯子；9—变压器油；
11—接地套管；13—下瓷管；14—均压球；
15—取油样塞子；16—吊环；17—引线接头；
18—半叠一层直纹布带；19—电缆；
21—底座；22—放油塞；23—封环；
24—垫圈；25—圆螺母

1. 油纸电容式套管

应用在变压器上的油纸电容式套管分为油纸电容式BRY、油纸电容加强式BRYW、可装电流互感器油纸电容式BRYL和可装电流互感器油纸电容加强式BRYWL。其结构如图1-8

14

所示，它由内部的电容芯子，头部的储油柜、上瓷套，中部的安装法兰、下瓷套和尾部的均压球组成。套管整体用头部的强力弹簧通过导管，并借助于底座串压而成。

2. 干式套管

干式套管是一种新型的高压套管，如图1-9所示，它由电容芯子、瓷套（或硅橡胶）、安装法兰、顶部法兰、导电杆、均压球等组成。

电容芯子是用皱纹纸和铝箔交替卷绕在导电管上，组成同心圆柱形的电容屏，而后再经过真空干燥浸渍环氧树脂，固化而成。具有机械强度高、电气性能好、体积小、运行维护方便等优点。由于电容芯子固化成一个环氧树脂整体，在户内使用时，可不用瓷套保护电容芯子，直接加工成型使用。户外使用时，需要瓷套加以保护，这是在瓷套与电容芯子之间填充固体填

图1-9　干式套管

充物。由于套管的下部是放入变压器内部，所有没有下瓷套，这样就便于安装。

三、冷却装置

容量较小变压器的铁芯和绕组的损耗所产生的热量，使油箱内部的油受热上升，热油沿油箱壁以及散热管（片）向下对流的过程中，热量通过油箱壁和散热管（片）向周围的空气中散发。利用这种简易的冷却装置，保证了变压器在额定温升下的正常运行。

随着变压器容量的增大，变压器就需要更大的散热面积，必须采用专门的冷却装置，以散发足够的热量。

冷却方式分为油浸自冷式（见图1-10）、油浸风冷式（见图1-11）、强油风冷式（见图1-12）、强油水冷式以及强油导向风冷和水冷式。冷却装置有片式散热器、扁管散热器、强油风冷却器、强油水冷却器等。

图 1-10 油浸自冷式

为了增加片式散热器的散热效果，有的新型特大型变压器采用风冷片式散热器，也就是在片式散热器的旁边加装风扇进行吹风冷却，分为侧吹式、底吹式和混合式三种。采用这种风冷片式散热器结构与强油冷却器相比具有功率损耗小、运行维护方便等优点。

图 1-11 油浸风冷式

　　强油风冷却器与风冷散热器的区别主要在于强迫油循环。这样，使油流速度加快，冷却效果得以提高。强油风冷却器由其本体、油泵、风扇和油流继电器等组成。它的工作状况是：当油泵强制地把油从变压器箱底打入内部的各部分后，油便被绕组和铁芯加热并上升，热油从油箱上部进入冷却器，经过冷却器单流程（单回路）或几经折流（多回路）后，热量将向周围环境中扩散，而后再经油泵把冷却的油打入变压器内部，使其各部分得到冷却。与此同时，由安装在冷却器上的风扇强制吹风，加速了冷却器的散热，提高了冷却效果。

图 1-12　强油风冷式

　　强油水冷却器是以水作为冷却介质的强迫油循环冷却装置，用于较大型变压器并具有冷却水源的场合中。水冷却器的组件除了油泵、油流继电器等外，还有差压继电器。差压继电器是水冷却器的重要保护装置，防止水管损伤时水渗漏到油回路中去，其高压侧接到油出口处，低压侧接到水的出口处。正常情况下，油压大于水压 58.8kPa，否则将发出报警信号，此时就要迅速转移变压器的负载停下变压器，对水冷却器进行仔细检查，以免变压器中进水而发生事故。

四、储油柜

储油柜又称油枕，安装在变压器油箱上部，用弯管与变压器油箱连通。储油柜的容积一般为变压器油量的 8%～10%，应能满足在最高环境温度、满负载运行时油不溢出；在最低环境温度，变压器停止运行时储油柜内应有一定的油量。

目前储油柜有两种基本形式：一种是普通型储油柜，储油柜中的油面直接与空气相接触；另一种是密封式储油柜，它们是在储油柜中加装了防止油老化装置，根据其不同的结构有胶囊式储油柜、隔膜式储油柜及金属膨胀器式储油柜。

1. 普通式储油柜

普通式储油柜是用一个圆筒形金属容器制成。在储油柜的顶部有两个孔，一种用于储油柜注油的孔，平时用塞子密封；另一种孔是与吸湿器相连。储油柜的底部开孔后焊上与变压器本体相连的连管，连管进入储油柜内的部分高出储油柜底面 2～3cm，用于挡住储油柜底部的水分和污油进入变压器本体内，储油柜的底部还有一个用于排污油的排油螺钉；储油柜侧端面上装有油位计指示油位的高低。储油柜中不加装任何防止油老化装置，油面通过吸湿器而与大气接触，存在着变压器油氧化受潮的问题，所以一般只在小型变压器上使用。

2. 密封式储油柜

（1）胶囊式储油柜。胶囊式储油柜内装设有一个胶囊，胶囊内部通过吸湿器与大气相通，胶囊外表面与油和储油柜内壁接触，如图 1-13 所示。变压器运行时，变压器内的油位因温度上升时，储油柜内的油面上升，挤压胶囊，使胶囊中的空气排出一部分。当温度降低时，储油柜内油量减少，在大气压力的作用下，胶囊的体积增大。储油柜的呼吸是通过胶囊进行的，油与空气完全隔离，大大降低了变压器油的氧化速度和受潮程度，起到保护变压器油的作用。这种储油柜外观上的特点是密封面处于储油柜的侧面。

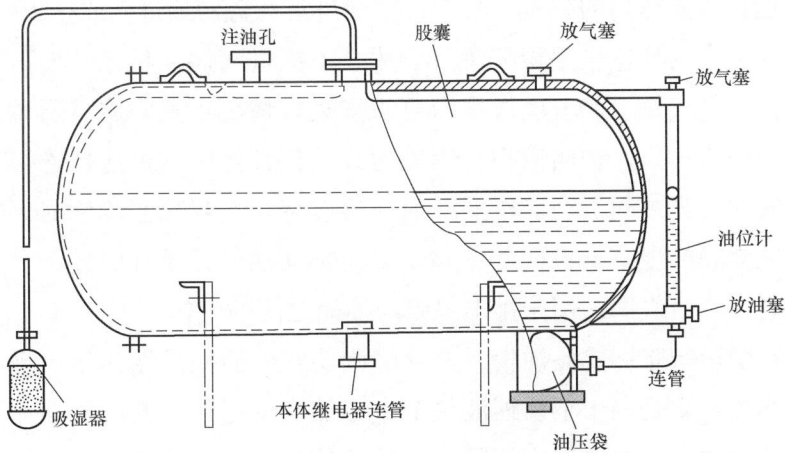

图 1-13 胶囊式储油柜（带小胶囊油位计）

为了防止阳光对变压器油的劣化作用，胶囊式储油柜可采用带小胶囊的油位计和磁力式油位计。

（2）隔膜式储油柜。隔膜式储油柜是由两个半圆柱体组成。储油柜内装设一个隔膜，隔膜的周边压装在上下柜沿之间，隔膜的内侧紧贴在油面上，外侧与大气相通，起着变压器油与大气的隔离作用，如图 1-14 所示。集聚在隔膜外部的凝结水可通过放水塞排出。储油柜下部有一个集气盒，

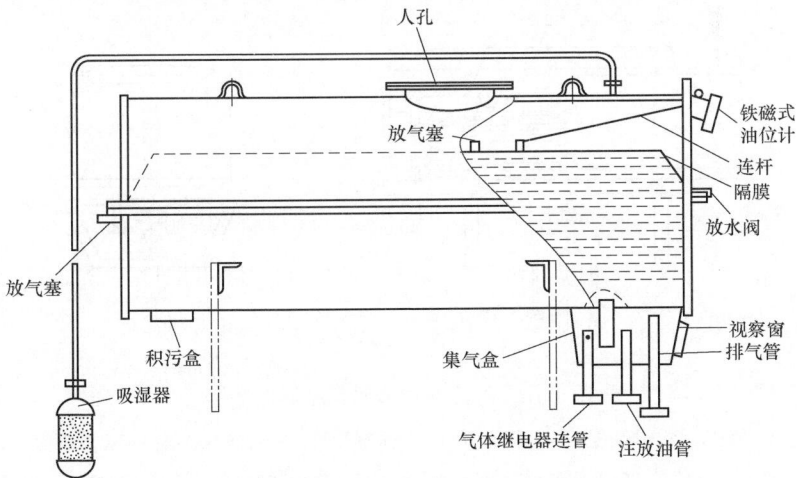

图 1-14 隔膜式储油柜的结构

变压器运行时油体积的膨胀和收缩都要经过集气盒使油进入或排出储油柜，而伴随油流中的气体被集聚在集气盒中，不能进入储油柜，从而可避免出现假油位。集气盒上的玻璃板视窗可观察集气情况，其气体可通过排气管端头的阀门排出。这种储油柜采用磁力式油位计，用一根连杆连接在隔膜与磁力式油位计之间。当变压器油温随温度变化产生热胀冷缩时，紧贴在油面上的隔膜产生上下方向的位移，从而带动油位计指针的转动。另外隔膜上还有一个放气塞，用于排出隔膜与油面之间的气体。

（3）金属膨胀器式储油柜。金属膨胀器式储油柜是近几年出现的一种新式储油柜，它是利用不锈钢波纹节做成的膨胀器作为变压器油体积补偿组件，从而使变压器油与大气隔开。波纹节是一个膨胀体，其容积可随变压器油温的变化而产生膨胀或收缩。其结构上按油处在膨胀器的内部和外部，可分为内油式储油柜和外油式储油柜两种。

1）内油式储油柜。如图 1-15 所示，金属膨胀器为椭圆形，并立放置在一个底盘上，膨胀器内部充满变压器油，外部处于大气中，并加装防尘外罩，形状多为立式长方体。膨胀器随变压器油温的变化而上下移动，自动补偿变压器油体积的变化。膨胀器顶部装有一根排气管，可用于排出膨胀器上部的气体。油位计的指针直接安装在波纹节上，波纹节随油温的变

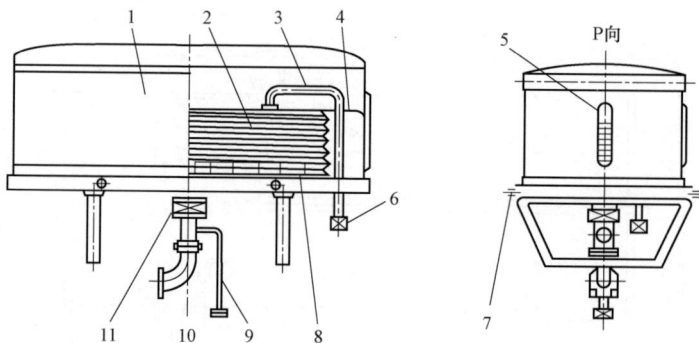

图 1-15　内油立式金属膨胀器储油柜

1—外壳；2—储油柜本体（膨胀节）；3—金属软管；4—油位指标针；5—观察窗；
6—抽真空（排气）管及阀门；7—吊装环；8—压力保护装置；9—注（补）排管及阀门；
10—软连接管；11—蝶阀

化上下移动时，指针也随其升高或降低，通过储油柜外罩上的窗口即可观察与监视油位。

2）外油式储油柜。如图 1-16 所示，金属膨胀器为圆形，卧式放置在储油柜筒体内，储油柜筒体与膨胀器之间充满变压器油。膨胀器的内部与大气相通，膨胀器的一端为固定端，另一端为活动端。活动端借助于装在储油柜内壁上的导向滚轮，可以左右滚动，外观形状多为横放圆柱形。膨胀器随变压器油体积的膨胀和缩小变化而左右移动，自动补偿油体积的变化。膨胀器上有一个呼吸口，作为膨胀器内部气体呼吸之用。储油柜的上、下各有一根管子，其中下管子是注油管，可对储油柜进行注油；上管子是储油柜的放气管，用来排出储油柜内部的气体。油位计是一根固定在活动端的拉带拉动油位指示。

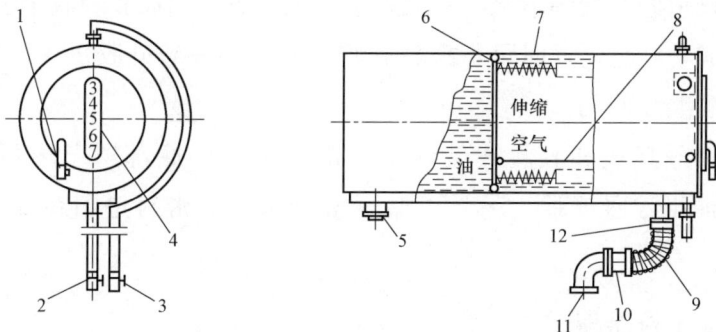

图 1-16　外油卧式金属膨胀器储油柜

1—呼吸口-波纹管腔内空气由此进出，工作时阀门常开；2—注油口-由此注入绝缘油，工作时阀门常闭；

3—排气口-注油时由此排净柜内空气，工作时阀门常闭；4—油位指示窗；5—排污口；

6—圆周均布的导向滚轮；7—储油柜外壳；8—拉带式油位指示；

9—波纹管；10—气体继电器；11—接变压器；12—蝶阀

五、吸湿器

吸湿器有吊式吸湿器和座式吸湿器两类结构。现场普遍使用吊式吸湿器。吸湿器中装有颗粒状的硅胶，用于吸收空气中的水分，下部罩中加变压器油作为油封，过滤空气中的杂质和水分。其结构如图 1-17 所示。

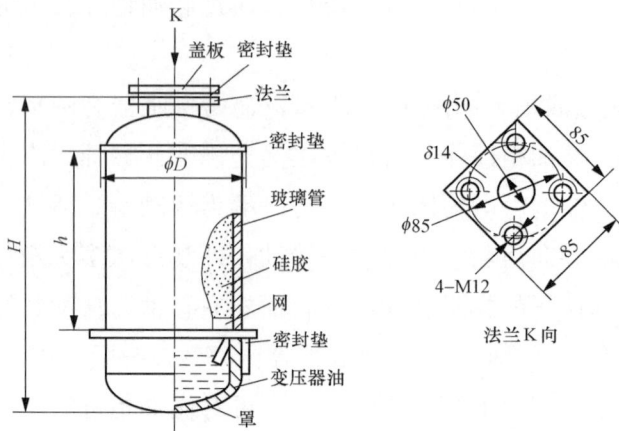

图 1-17　吊式吸湿器结构

为了显示硅胶受潮情况，一般采用变色硅胶，当硅胶吸收水分失效后，从蓝色变成粉红色，这时可更换新硅胶，或者将失效硅胶烘干，从粉红色变回蓝色后继续使用。

安装在隔膜式和胶囊式储油柜上的吸湿器，底部罩子内可不注油，以保证储油柜呼吸畅通。另外，储运密封时用的密封垫圈在安装时必须拆除。

六、压力释放阀

压力释放阀有一金属膜盘，正常时受弹簧压力紧贴在阀座上。变压器发生故障并使油箱内压力增加。当箱内的压力超过压力释放阀弹簧的压力时，金属膜盘就被顶起，变压器油可在膜盘和阀座之间喷出，从而起释放油箱内超常压力，保护油箱的作用。当油箱内的压力迅速释放掉后，内部压力降低，金属膜盘在弹簧作用下回位，并重新密封油箱，要求压力释放阀的开启时间不大于 2ms。压力释放阀在动作时，上方的标志杆被顶出作为机械信号，同时带动微动开关动作，可发生动作信号。

为了使油箱内压力迅速释放，对油量大于 31.5t 的变压器，可在油箱的两端箱盖上装设两只压力释放阀。其结构如图 1-18 所示。

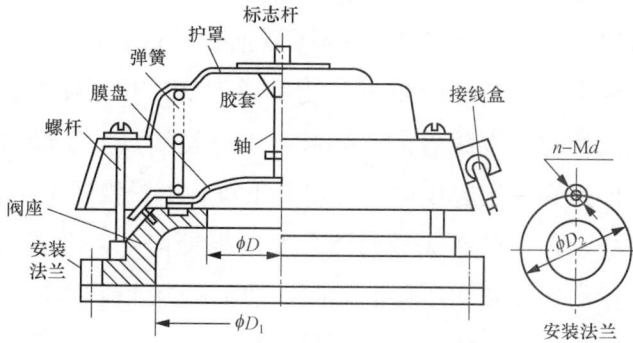

图 1-18　压力释放阀结构

七、气体继电器

气体继电器有浮筒式和挡板
式两种结构。浮筒式气体继电器
目前已不再使用，为了提高气体
继电器的可靠性，现在采用挡板
式多磁力接点结构，如图 1-19
所示。其管径有 $\phi25$、$\phi50$、$\phi80$
三种，三者结构基本相同。其中
管径为 $\phi25$ 的用于有载分接开
关，管径为 $\phi50$ 的用于 $800 \sim$
6300kVA 变压器，管径为 $\phi80$
的用于 8000kVA 及以上变压
器中。

挡板式气体继电器结构主要
由外壳和继电器芯子组成。在顶
盖上装有跳闸及信号端子、嘴子
和顶针，在顶盖下面支架上装有
开口杯、重锤、上下磁铁和上下

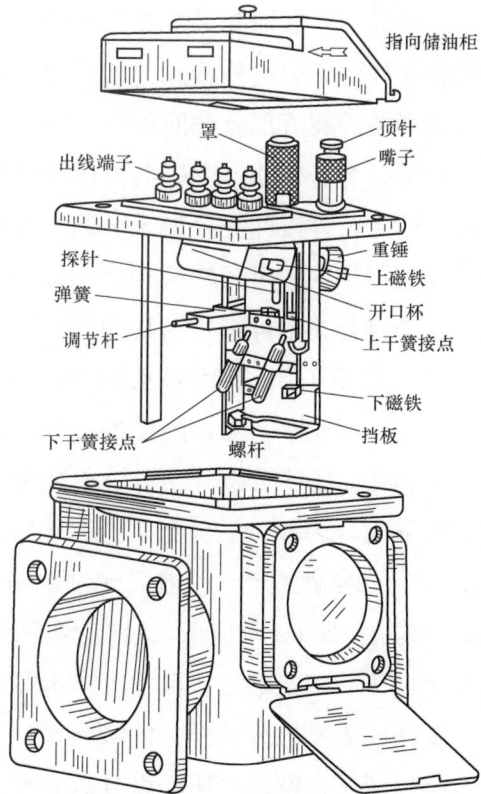

图 1-19　挡板式气体继电器结构

23

干簧接点，在支架的下部装有可转动的挡板。

正常运行时，继电器内部充满变压器油，开口杯内外都是变压器油。因为重锤的重量大于开口杯的重量，使重锤下落，开口杯向上翘起，固定在开口杯侧面上的磁铁也跟着向上翘起，上干簧接点处于断开状态。当气体继电器中气体达到一定容积后，开口杯下沉，上磁铁时上干簧接点闭合，称为轻瓦斯保护动作，接通信号回路并发出报警信号。当变压器内部发生严重故障，大量的气体和变压器油流向储油柜，当油流达到一定的速度后，冲动继电器的挡板，下磁铁使下干簧接点闭合，称为重瓦斯动作，接通跳闸回路，将变压器的电源切断。

八、分接开关

分接开关一般情况下是在高压绕组上抽出适当的分接头，因为高压绕组常套在外面，引出分接头方便。另外，高压侧电流小，引出的分接引线和分接开关的载流部分截面积小，开关接触部分也较容易解决。

根据是否需要通过变压器停电来进行调压，可分为无励磁调压和有载调压，因此，分接开关分为无励磁分接开关和有载分接开关。无励磁调压分接开关不具备带负载转换挡位的能力，调挡时必须使变压器停电，而有载调压分接开关则可带负荷切换挡位。其中，有载调压分接开关是变压器附件中工艺最复杂、技术难点最多的一部分，同时适用范围广，所涉及的内容较多，因此本文对该附件进行单独讲解。

按相数无励磁分接开关分为单相和三相；按安装方式分为卧式和立式；按结构形式分为鼓形、笼形、条形和盘形；按调压部位分为中性点调压、中部调压及线端调压。一般，无励磁分接开关的额定电流在 1600A 以下，额定电压在 220kV 及以下。对应不同型号的无励磁分接开关，制造厂会提供额定电压、额定电流、尺寸等技术数据。

变压器无励磁分接开关的额定调压范围较窄，调节级数较少。额定调压范围以变压器额定电压的百分数表示为±5%或±2×2.5%。根据使用要求，在调压范围和级数不变的情况下，允许增加负分接级数、减少正分接级数。无励磁调压变压器在额定电压±5％范围内改换分接位置运行时，其额定容量不变。如为－7.5％和10％分接时，其容量按制造厂的规定；如无制造厂规定，则容量应相应降低2.5％和5％。

无励磁分接开关要求开关动作位置准确，操作灵活、方便，有良好的绝缘性能和稳定性能，同时要求机械强度要高，寿命要长，外形尺寸小且便于维护等。变换分接头位置时，要求正反两方面各转动几圈，在该分接位置锁定后，测量直流电阻，以确保分接位置正确、接触良好、可靠。这样，每次变换分接位置时很不方便，所以无励磁分接开关只适用于不经常调节或季节性调节的变压器。

35kV及以上变压器通常采用单相分接开关，三相变压器用三个单相开关。这种开关分为WDTII型和WD型两种，它们的结构特点是操动机构与分接开关本体是分开的。

1. 夹片式分接开关

以WDTⅡ型为例，改进后的分接开关及操动机构如图1-20所示。

开关的动触头在上下极限工作状态时有定位装置。上极限位置通过绝缘杆上的轴肩实现；下极限位置为动触头螺母往下移动撞到绝缘撑套的位置。当对操动机构上的位置提示有怀疑时，可转动柄到上或下极限位置，即可得到正确的定位。

操作杆预先用绝缘锥固定在分接开关上，操动杆上部由定位纸板固定。当上节油箱扣上时，操动杆的锥形头部自行进入开关升高座内。操动机构上槽轮外增设护罩，防止转动手柄时造成槽轮的误动作。

2. 楔形分接开关

以WD型分接开关为例，WD为六柱触头

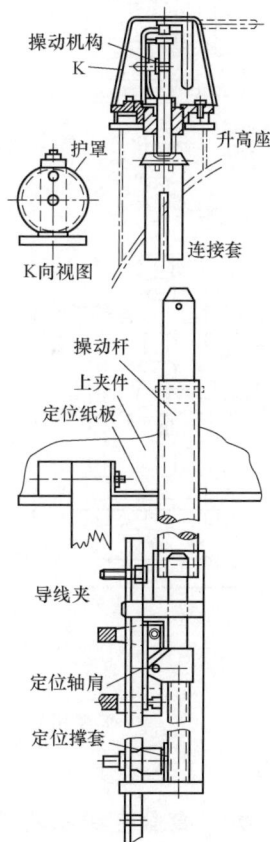

图1-20　WDTⅡ型单相
无励磁分接开关

25

式，动触头为环形触头式。由于环形触头必须采用平面蜗形弹簧，蜗形弹簧的弹力工艺要求高，不易保证，且极易失去弹性，现在已很少生产。为了克服 WD 型的缺点，将动触头改为楔形，采用圆柱弹簧代替蜗形弹簧，这种开关称为楔形分接开关，如图 1-21（a）所示。它的定触头用铜棒制成，被固定在支撑绝缘板上面，动触头将相邻的两根定触头短接，动触头上弹簧可以使动、静触头紧密地相接触，并采用偏转推进机构，主轴旋转 300° 动触头变换一个分接，这种开关适用于 220kV 电压等级及以下的变压器。楔形分接开关切换程序如图 1-21（b）所示。

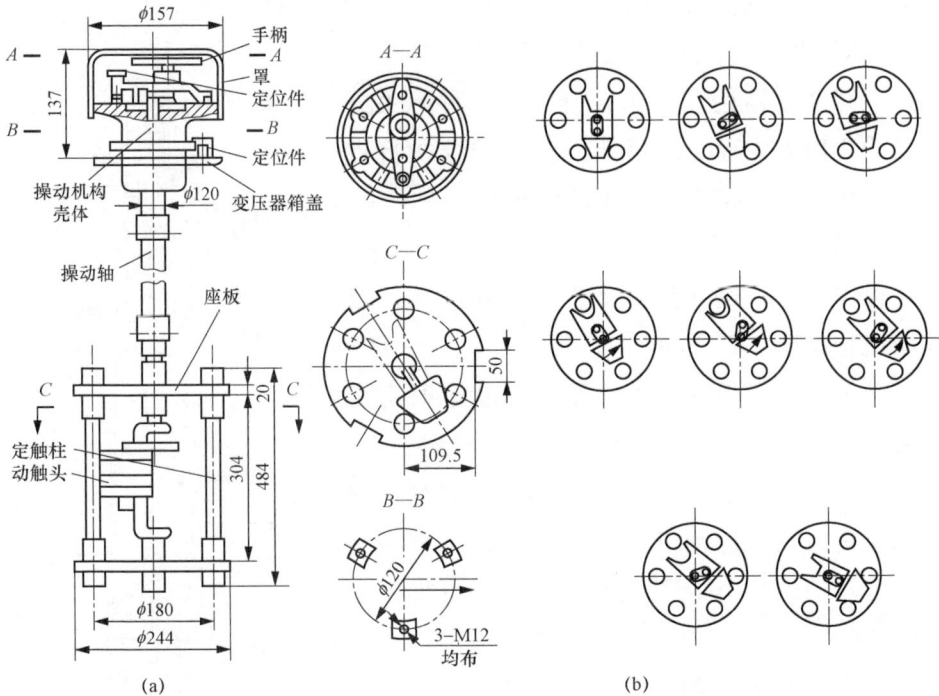

图 1-21　楔形分接开关

（a）单相中部调压楔形分接开关；（b）楔形分接开关切换程序图

九、有载在线净油装置

变压器有载分接开关油室里的绝缘油会因频繁的开关变换所引起的电

弧而产生的游离碳和各种固体颗粒而污染；此外，油会吸收水分，这样绝缘油的耐压会降低，含水量增加，开关的接触性能下降，油中污染进一步增加，形成恶性循环。

有载在线滤油装置能够在变压器正常运行的情况下，根据调压开关的切换情况自动在线滤油，有效去除油中的游离碳、水分、裂化杂质和酸，恢复分接开关油的绝缘强度和性能，提高有载分接开关运行的安全性、可靠性，大大减少变压器停电次数，提高供电可靠性。

有载在线净油装置的组成部分有 PLC 控制部分，滤芯、电机、欠压保护、法兰接口等。本书以 LTC7500 装置为例，其结构如图 1-22 所示。

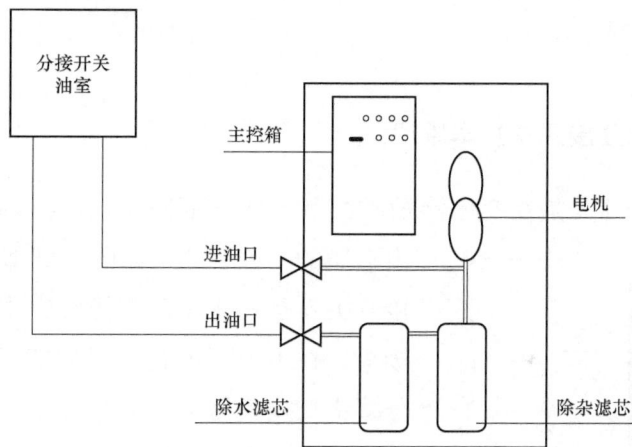

图 1-22　LTC7500 有载在线净油装置结构图

装置中的联合滤芯（除水滤芯＋除杂质滤芯）能及时地除去绝缘油油中的游离碳、水及杂质，有效地保证了有载分接开关油室中油达到规定的运行要求。

有载在线净油装置的运行方式有以下三种：

（1）自动运行，与有载开关联动，当有载开关调挡动作时，净油装置启动。

（2）手动运行。

（3）定时运行。

任务三 有载调压分接开关结构解析

≫【任务描述】

本任务主要讲解有载调压分接开关（以下简称有载分接开关）的结构组成及原理。通过结构介绍及原理分析，了解有载分接开关的工作原理及型号含义，熟悉有载分接开关的结构，掌握有载分接开关各组件的功能和作用。

≫【知识要点】

一、有载分接开关基本原理

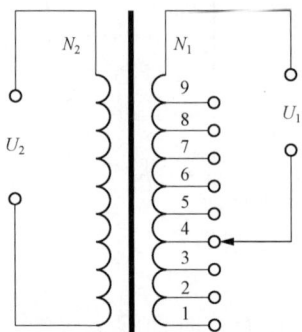

有载分接开关是在变压器励磁或负载状态下操作，从而调节变压器输出电压的一种装置。如图 1-23 所示，有载分接开关就是在变压器高压绕组中引出若干分接头，在不中断负载电流的情况下，由一个分接头切换到另一个分接头，从而改变有效匝数，即改变变压器的电压比，从而实现调压的目的。

图 1-23 有载分接开关基本原理

有载分接开关必须满足以下基本条件：

（1）在切换过程中，保证电流是连续的。

（2）在切换过程中，保证不发生分接头间短路。为满足上述要求，有载分接开关的电路由过渡电路、选择电路和调压电路三部分组成。

二、有载分接开关的整定工作位置

整定工作位置可以从整定工作位置图中予以说明，整定工作位置图不仅示意了各分接开关接线端子的实际布置和相应的调压电路，而且还反映出分接开关变换操作中各触头的动作顺序。分接开关的整定工作位置，即分接开关各触头所处的工作位置，这个整定工作位置对于分接开关总装、调试具有重要的指导作用。分接开关在其整定工作位置下总装、连接和调试后，方能保证其工作可靠性。一旦连接错位，就会造成分接开关意外的损坏，从而丧失工作可靠性。由此可知，整定工作位置图非常重要。

对于不同规格的分接开关，都有不同的整定工作位置图。下面以正反调压电路为例来确定整定工作位置，如图 1-24 所示。

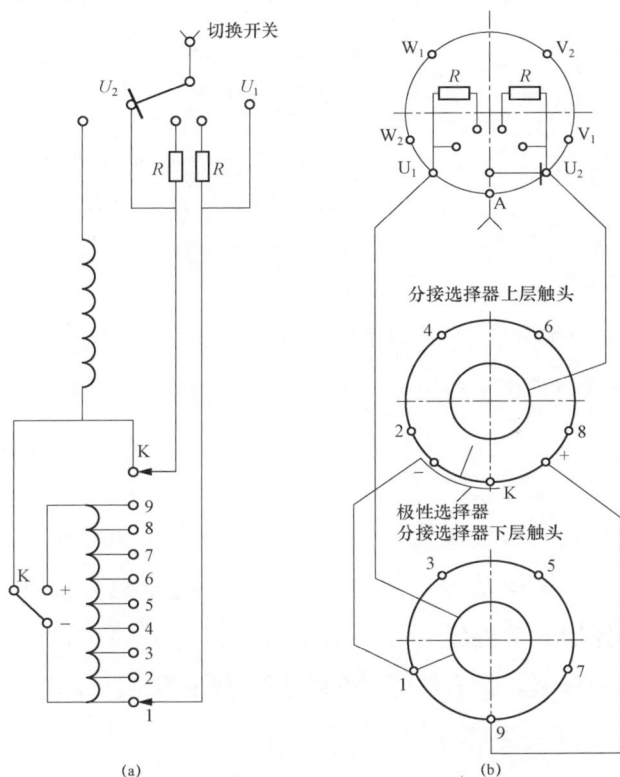

图 1-24 整定工作位置原理图及接线图

（a）原理图；（b）接线图

对于正反调压电路，整定工作位置就是分接选择器的工作位置数的中间位置。设调压级数为 n 级，其中间位置数为 m，则整定工作位置数 $K =$

$(n+m)/2$。如图 1-24 所示,有载调压变压器±8 级(即 17 级带 3 个中间位置)分接开关,$n=17$,$m=3$,$K=(17+3)/2=10$,其整定工作位置为 10 分级位置。

三、有载分接开关型号含义

有载分接开关生产厂家众多,不同的厂家有各自的型号编码,下面以国内常用的上海华明 CM 型有载分接开关为例,说明其型号含义。

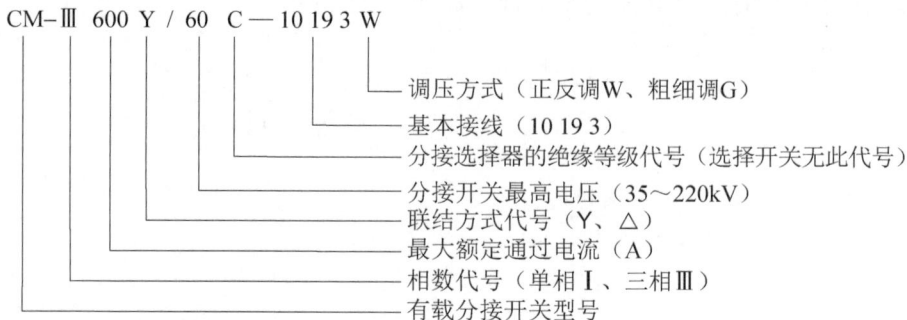

CM-Ⅲ 600 Y / 60 C — 10 19 3 W

调压方式(正反调 W、粗细调 G)
基本接线(10 19 3)
分接选择器的绝缘等级代号(选择开关无此代号)
分接开关最高电压(35~220kV)
联结方式代号(Y、△)
最大额定通过电流(A)
相数代号(单相Ⅰ、三相Ⅲ)
有载分接开关型号

注:基本接线 10193W 指固有分接位置为 10,工作分接位置数为 19,中间位置数为 3,正反调压方式的有载分接开关。

≫ 【技能要领】

有载分接开关由安装在变压器内部的切换开关和分接选择器、安装在变压器箱壁的电动机构及传动装置组成。在有些有载分接开关中,把切换开关和分接选择器的功能结合在一起而成为选择开关。目前国内使用的有载分接开关型号众多,适合于不同的电压等级和使用环境。以常用的 M 型和 V 型有载分接开关为例进行分析和介绍。

一、M 型有载分接开关

我国华明公司的 CM 型、长征公司的 ZY 型、德国 MR 公司的 M 型等统称为 M 型系列有载分接开关,其结构基本相同。该系列开关的额定电压从 35~220kV 都能满足,最大额定通过电流三相为 600A,单相为 1200A。

三相有载分接开关用于 Y 接法的中性点调压，单相有载分接开关则用于任意的调压方式。它由油室、切换开关本体及分接选择器三大部分组成，其外形如图 1-25 所示。

1. 分接选择器

分接选择器由级进机构和触头系统组成，可带或不带极性选择器，外形如图 1-26 所示。

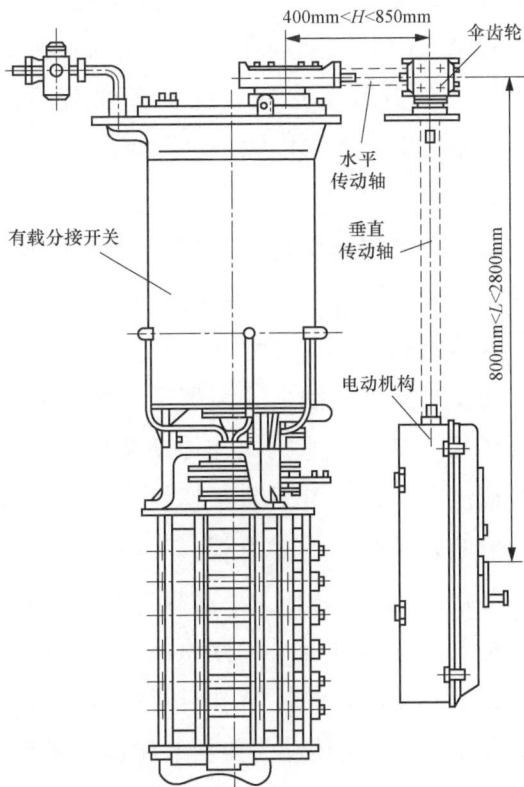

图 1-25　M 型开关整体布置图

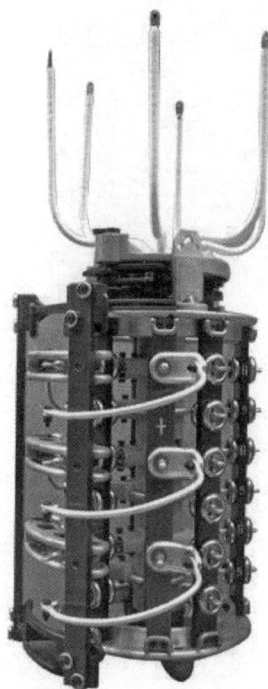

图 1-26　分接选择器

级进机构又称槽轮机构，由两个槽轮和一个拨槽件组成，两只槽轮交替工作。在分接变换操作时，拨槽件转动半圈，拨动槽轮，将运动转换为一次级进运动，把分接选择器上的桥式触头从一个分接头移到另一个分接头上。

触头系统采用笼式轴套结构，包括装有接触环的中心绝缘筒，带有静触头的绝缘板条、传动管、桥式触头及上下法兰。

绝缘板条上装有带屏幕罩的单双数静触头，固定在上下法兰圆周上，静触头通过桥式触头与中心绝缘筒上的接触环相连，接触环的连线由中心绝缘筒引出与切换开关相连。

图 1-27　切换开关

分接选择器的桥式触头采用"山"字形的上下夹片式结构，经传动管由槽轮机构带动，沿中心绝缘筒上的接触环旋转依次与选择器绝缘板条上的分接头接触。在触头弹簧的作用下，可始终保持四点接触。

2. 切换开关

切换开关本体由传动装置、绝缘转轴、快速机构、切换机构（触头系统）及过渡电阻组成，其结构如图 1-27 所示。

切换机构为一插入式装置，整体装入油室之内。其上部是快速机构和传动装置，通过绝缘转轴传动，过渡电阻装于切换机构下部。快速机构采用枪机释放原理，包括带偏心轮操纵的上滑板、下滑板、储能压簧、导轨、爪卡、凸轮盘、基座托架等。压簧装在上下滑板之间的导轨上，由上滑板侧壁控制的爪卡锁定凸轮盘，使下滑板保持存原位上，当偏心轮带动上滑板沿着导轨移动时，弹簧压缩储能，一旦上滑板侧壁将相应的爪卡从锁定的凸轮盘移开，下滑板的滑板立刻将传动力传至凸轮盘的轴套上，使切换开关动作，其结构如图 1-28 所示。

切换开关的触头系统采用双电阻过渡。触头系统分三部分，三相分接开关的三部分动触头内部为星形连接，单相分接开关其三部分触

图 1-28　快速机构

头并联连接。每一部分有两对主弧触头和两对过渡触头，过渡触头与过渡电阻相连。主弧触头与过渡触头均由铜钨合金制成，动触头安装在绝缘良好的上下导板的导槽内，与转换扇形件的曲槽滚销相连，在扇形件的两侧还装有一个羊角形的并联主触头，以保证长期运行时接触良好。静触头置于绝缘弧形板上，由灭弧室相互隔开。当切换开关动作时，动触头由转换扇形件控制沿导轨的导槽做直线运动，与布置在弧形板内壁的静触头按规定的程序进行切换，其结构如图 1-29 所示。过渡电阻按径向辐射方向均布，与切换开关过渡触头并联。

随着国家电网的持续发展，设备的更新换代，油浸式真空有载分接开关已经逐步走进了电力行业，即用真空管代替了油浸式分接开关的电弧触头，使熄弧发生在真空管内，从而起到保护分接开关绝缘油和开关整体绝缘的目的。因此，真空有载分接开关与油浸式有载分接开关的主要区别则在于切换开关的灭弧介质不同，如图 1-30 所示。

图 1-29　触头系统

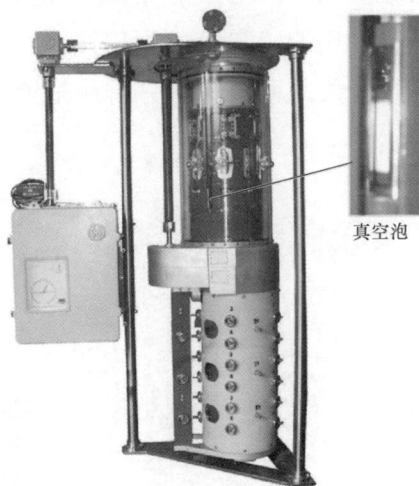

真空泡

图 1-30　真空有载分接开关

油浸式有载分接开关是以绝缘油进行灭弧，触头与触片之间摩擦引弧烧结会产生细小的金属颗粒。这些金属颗粒漂浮在绝缘油中，引弧时产生瞬时高温碳化部分绝缘油。碳化的绝缘油使触头触片出现一种特殊形式的污染薄膜。接触表面上逐渐形成绝缘的暗色薄膜，它不断地使个别的接触点丧失载流能力，而且导致分接开关工作温度持续增加。因金属颗粒漂浮在绝缘油中出现碳化造成污染，使分接开关的整体绝缘水平降低，需要滤油或换油。触头触片的引弧烧损会降低开关使用寿命，从而增加了设备投资和对分接开关的维护费用。

真空有载分接开关依靠真空管进行灭弧，可以很好地防止分接开关触头烧损和绝缘油的碳化，从而减少了分接开关的故障率，延长开关使用寿命，减少了设备投资和日常对分接开关维护费用。

3. 切换开关油室

切换开关油室使开关内被电弧碳化的油与变压器油箱内的油隔离。它包括头部法兰、顶盖、绝缘筒和筒底四个部分。头部法兰用铝合金精铸而成，用铆钉与绝缘筒相连，分为箱顶式与钟罩式两种，通过它将分接开关固定在变压器的箱盖上。头部法兰上有三个弯管和一个通管：继电器弯管通过气体继电器与储油柜相连；吸油弯管是切换开关换油时从油室底部吸油用的，它通过头部法兰与油室内部的绝缘油管相连；注油弯管是切换开关的回油管，另有一通管是变压器溢油排气孔，其结构如图 1-31 所示。

图 1-31　切换开关油室

切换开关的顶盖上装有防爆片、减速箱、分接位置观察孔及溢油排气螺钉。

绝缘筒用环氧玻璃丝绕制而成，上下端分别用铆钉与头部法兰和筒底相接，其侧壁上装有静触头并通过外壁上的螺钉、导电杆与分接选择器导电环相连。筒底由铝合金制成，其上有穿过筒底的传动轴，轴的上端连接器与切换开关本体相连，下端通过筒底齿轮装置带动分接选择器。筒底上还有地分接位置指示自锁机构，当切换开关本体吊芯时，位置指示传动机构自锁，以防位置错乱。

4. 分接开关机械动作过程

分接变换操作由电动操动机构的电动机启动开始，其传动力经传动轴，圆锥齿轮传动箱送至分接开关顶盖上的蜗轮蜗杆减速器械，然后传至快速机构和穿过切换开关引至筒底的传动轴，由筒底齿轮离合器与分接选择器级进机构连接，级进槽轮的转动使分接选择器的触桥旋转相应一级的角度。这样，触桥在不带电情况下连接到需要的调压线圈上。与此同时，储能机构的偏心轮带动上滑板沿导轨移动，上下滑板之间弹簧压缩储能，因爪卡锁定凸轮盘，使下滑板保持在原来的位置上，当上滑板移到释放位置时，上滑板侧壁将相应的爪卡从锁定凸轮盘移开，于是，储能机构释放，切换开关动作。此时，下滑板移到新位置上，爪卡又啮合在凸轮盘上，机构被锁住，为下一次分接变换操作做好准备。

二、V型有载分接开关

V型有载分接开关把切换开关和分接选择器的功能合二为一，构成选择开关。因此，在结构上把切换开关的切换机构与分接选择器触头系统合并，形成选择开关的切换机构，其他的分接开关部件几乎保持不变。目前国内常用的有华明公司的 CV 型、长征公司的 FY 型、德国 MR 公司的 V 型等产品。

V型有载分接开关的结构分为开关本体和油室两大部分。其中开关本体全部放置在油室内，它由快速机构、触头系统（包括转换选择器）、过渡

图 1-32 V型有载开关本体

电阻、主轴、抽油管、油室等组成，如图 1-32 所示。

1. 快速机构

V 型有载分接开关的快速机构采用过死点释放机构。它是由电动机构传动力带动蜗杆及齿轮推动拐臂旋转，使两根弹簧拉伸储能（弹簧的一端固定在开关头部法兰上，一端固定拐臂上），当拐臂超越死点后，弹簧就突然释放，释放的能量带动拨槽件转动，带主轴及动触头系统完成一分接变换。这一个分接是在快速的情况下进行，弹簧能量就必须保证整个开关动触头变换一个分接的力量。作速时间（或切换时间）一般为 $45 \sim 65ms$，其结构如图 1-33 所示。

快速机构上还有一个位置指示盘，快速机构每动作一次，都带动位置指示盘下面的槽轮转动一角度，使指示盘转动一格。对于正反调压的 V 型分接开关，还有一转换选择器的拨槽件，当开关超越整定工作位置时，指示盘下面的拨块拨动转换选择器的拨槽件转动一角度，此拨槽件带动主轴上的转换

图 1-33 快速机构

选择器转动一角度，完成"＋""－"极性的转换。

快速机构中所有的槽轮在不动作时，它的凹面都被锁圆锁住，保证槽轮盘被锁死，确保动、静触头等接触可靠。当槽轮动作时，锁住槽轮的锁圆被打开，保证槽轮能正确动作。

2. 触头系统

V 型分接开关的触头系统采用单滚柱式结构，动触头系统，两边滚柱为过渡动触头，中间为主通断触头；主触头与电流输出触头用编织铜丝线连为一体，主触头在弧触头系统下部。当分接开关长期载流时，电流经主静触头、主动触头和电流输出动触头与引出定触头（输出环）输出。弧触头采用铜钨合金制成滚柱；主触头和电流输出触头由于不通断负载电流，可以用纯铜材料制成。它们都安装在动触头支架上，支架尾部装有一补偿弹簧，以补偿触头的烧损，保证动、静触头接触可靠。滚柱式触头系统结构简单，动、静触头之间是滚动摩擦，触头寿命长，适用的工作电流高达 500A，其结构如图 1-34 所示。

正反调压的 V 型分接开关，在分接开关主轴上部装有转换选择器，如图 1-33 所示。它由夹片式动触头、触头弹簧和触头支架等组成，三相触头按对称分布。静触头 K 和"＋""－"固定在油室

图 1-34　触头系统

绝缘筒的上部。由夹片式动触头分别把静触头 K 与"＋"或 K 与"－"短接，触头弹簧保证动、静触头接触可靠。

3. 主轴

主轴是空心绝缘管为基件，在基件上装有两类动触组，上部为转换选择器（正反调压时才有）动触头组，下部为三相动触头组，三相沿主轴是轴向分布，不难做成三角形接法调压的分接开关，每相触头组上都有均压环（屏蔽环），改善相间的电场分布，提高相间的击穿电压。主轴的顶部做成三个扇形的凸台，与快速机构槽轮下的三个扇形凹面相连接。主轴要求有足够的绝缘性能和机械强度。

4. 抽油管

抽油管位于主轴的中间，抽油管顶部与快速机构中的抽油弯管相通，底部插入油室和筒底的孔内。它既是抽油管又是主轴定位件。

5. 油室

V 型分接开关的油室由头部法兰、顶盖、绝缘筒、筒底组成。

三、有载分接开关电动机构

电动操动机构由电动机、传动齿轮、位置指示机构、电气控制系统等组成，电动机构是分接开关变换操作位置的控制和传动装置。它安装在变压器油箱侧壁上，借助垂直传动轴、伞形齿轮传动箱和水平传动轴与分接开关联结在一起。

电动机构采用箱式结构，箱内装有操动分接开关所需的全部机械和电气部件，可供电动、手动、遥远电动和自动调压装置控制的操作。

电动机构应具备以下技术要求：

（1）电动机构采用逐级控制原理，即由单一控制信号启动，而不受外界任何干扰和没有可能中断情况下完成该级的动作。在完成一级分接变换操作后，能可靠地停止下来。

（2）电动机构应带有极限位置保护、手动操作安全保护、旋转方向保护、控制电压临时失压后自动再启动保护、紧急断开电源保护、防潮和低温加热等安全保护以及分接变换操作的监视装置，确保运行安全可靠。

（3）电动机构应带有就地和遥远位置指示装置以及分接变换操作次数指示装置，所有指示应清晰、可靠和准确。

（4）电动机构应有输出转矩和手动操作转矩的要求。电动机构采用不同功率的电动机，以适用于任一分接开关及其组合的传动。手动操作转矩要求应满足操作者可以从容操作而无困难的条件，一般手动操作转矩不超过 25N·m，偶然出现的最大转矩应不超过 50N·m。

（5）电动机构箱体应符合户外设计（IP 防护等级）的要求，具有防水（雨、雪）、防尘、防虫蚁的性能。

下面以 CMA7 型电动机构为例，介绍其结构和工作原理：CMA7 型电动机构是借鉴国外 MA7 型电动机构的先进技术生产的国产电动机构。它主要用于 CM 型有载分接开关分接变换操作的传动和分接位置的控制。

1. 电动机构结构

CMA7 型电动机构由箱体、传动机构、控制机构和电气控制设备等组成，如图 1-35 所示。

（1）箱体。箱体由箱底和箱盖两部分组成。箱体由抗腐蚀轻金属硅铝合金铸造成型，箱体外表涂有

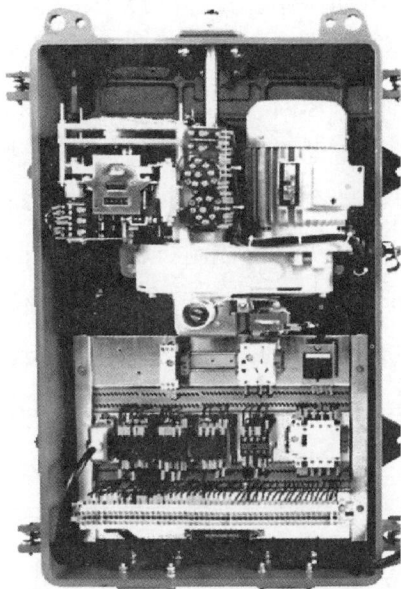

图 1-35　CMA7 型电动机构

户外漆。箱底和箱盖通过铰链装置相互连接，铰链装置可以互换，形成一向左或向右开旋转方向的门。箱盖和箱底之间由一凸缘保护，并用成型橡胶密封。箱底开有进线电缆的孔，并由密封盖板密闭。为了避免箱体内凝结水珠和结露，箱底上、下部各开有一个迷宫式通气孔，并备有固定加热器防潮。箱盖上有手动和电动操作方向的指示，并通过观察窗可以观察到位置指示装置和操作计数机构。箱体上的传动输出轴、观察窗、手柄以及按钮等处孔均采用密封结构，因此箱体能达到防雨、防尘、防虫蚁等要求。

（2）传动和控制机构。CMA7 型的传动和控制机构如图 1-36 所示。传动机构包括电动机、楔形皮带轮、终端位置保护机械制动装

图 1-36　CMA7 型的传动和控制机构

置、手动操作装置等。传动机构安装在铸铝合金的盒内，电动机通过十齿的楔形皮带减速，正常运行不需进行维修和润滑。制动装置带有两个终端位置的机械离合器，与输出轴采用套轴结构，当机械限位时，机械离合器脱开，电动机虽然转动，但输出轴却停止传动。手动操作是通过与大楔形轮上一对伞齿轮传动，并带有手动与电动操作的安全联锁保护装置。

控制机构由控制行程开关的凸轮盘、分接位置变换指示轮、机械位置指示器、操作次数计数器、远方位置信号发送器等组成。分接变换指示轮和凸轮盘均为每个分接变换操作转动一圈。分接变换指示轮分成 33 格，红线左右两格的绿色带域指示凸轮行程开关的"停止"工作位置。操作次数计数器累计进行的分接变换操作次数，可以在不打开机构箱盖的情况下，通过观察窗观察机械位置指示器指示的工作位置和操作次数。而机械位置指示轮上还带有极限位置的机械限位和电气限位的保护机构。远方位置信号发送器可与控制室内的分接位置显示器连用。

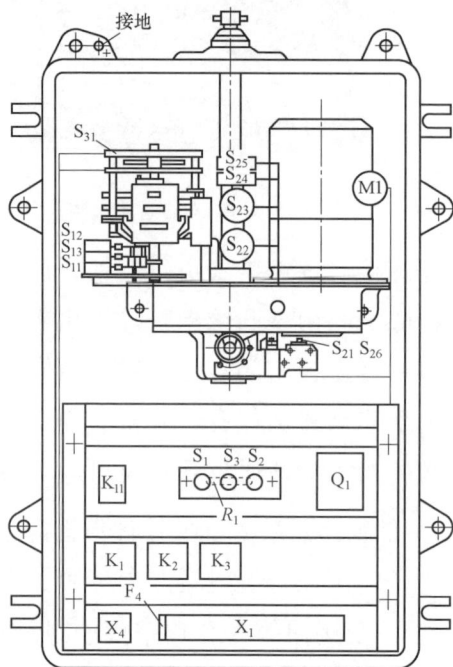

图 1-37 CMA7 电气设备布置图

X_1—接线端子；K_{11}—中间继电器；
S_{22}～S_{25}—极限位置电气保护开关；
X_4—远方位置信号发送端子；Q_1—电源保护开关；
M1—电动机；R_1—加热电阻；S_{21}、
S_{26}—手动保护开关；S_{11}～S_{13}—凸轮开关；
S_1～S_3—操作按钮；K_1～K_3—接触器；F_4—熔断器

（3）电气控制设备。在电动机构中，电气元件几乎是集中布置。为了避免布置错误，必须提供电气元件布置图和相应符号标志，如图 1-37 所示。

2. 工作原理

电动机构采用逐级控制的工作原理，它的动作由单一控制信号起动后不受外界干扰而完成。此动作决定于每一分接变换操作过程转动一圈的级进控制凸轮盘。

电动机构机械动作原理如图 1-38 所示，当电动机启动时，经小楔轮 2 带动大楔轮 3 转动，由于大楔轮 3 与传动轴 4 是一套轴结构，并用机械离合器联结。因此，大楔轮 3 传动力经机械离合器传至传动轴 4，从而带动分接开关进行分接变换操作。

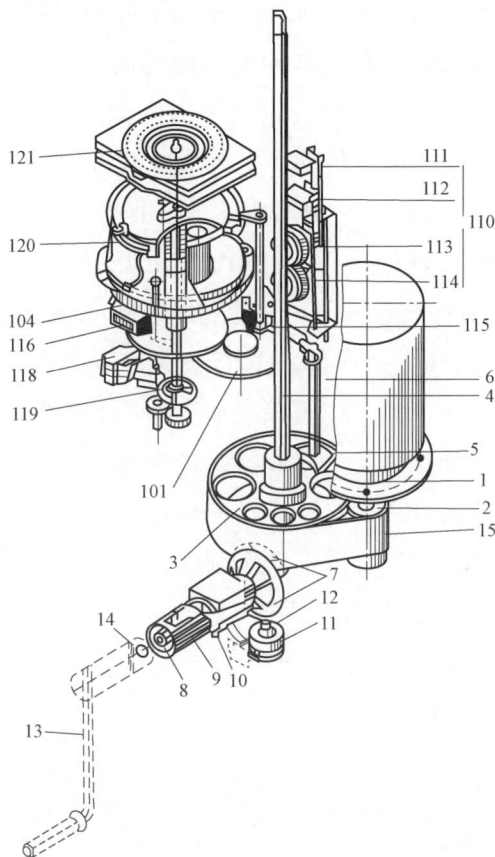

图 1-38　电动机构机械动作原理

控制器的控制齿轮经传动轴 4 上的轴齿轮传至齿轮 101，带动分接变换操作指示轮 104 及行星齿轮机构转动，于是机械位置指示器 120 跟随转动，并指示机构动作的工作位置。远方位置信号发送器 121 根据不同位置传送出分接变换工作位置的信号。计数器 116 由分接变换指示轮控制，每一次分接变换操作，计数器动作一次，显示分接开关累计操作的次数。当分接变换指示轮上出现 4 格绿色带域时，机械控制的凸轮开关处于"停止"位置，电动机经交流接触器短接制动，完成一次分接变换操作。

当电动机操作至 1 或 N 两个终端极限位置时，机械位置指示盘继续转动，带动该盘槽内限位挡块，拨动终端位置杠杆机构拨指 115，断开相应 1 或 N 位置的电气限位开关 110，使电动机构不能向超越 1 或 N 位置的方向转动。当限位开关失灵时，电动机构继续向超越 1 或 N 的位置方向转动，此时终端位置杠杆机构就会拨动齿轮机构内机械离合器的锁扣，使机械离合器松开，于是传动轴 4 停止传动，由此形成双级保护。

传动装置（见图 1-38）：1—电动机；2—小楔轮；3—大楔轮；4—传动轴；5—掣爪；6—掣爪轴；7—手动操作转动齿轮；8—手动操作传动轴；9—套管；10—安全开关杠杆；11—手动操作安全开关；12—手动操作安全开关；13—手柄；14—耦联销；15—多楔皮带（10 楔）。

控制装置（见图 1-38）：101—齿轮；104—分接变换指示轮；110—电气限位装置；115—拨指；116—计数器；118—级进行程开关；119—凸轮；120—机械位置指示器；121—位置信号发送器。

极限位置保护装置应符合以下动作顺序：

1）控制回路的电气限位开关动作。

2）电动机主回路的电气限位开关动作。

3）机械离合器松开动作。

项目二

变压器安装

≫ 【项目描述】

本项目介绍变压器安装规范及现场安装验收过程中发现的问题。通过规范介绍及验收问题的解析，了解变压器安装的注意事项，掌握变压器安装验收要点。

任务一 变压器安装规范

≫ 【任务描述】

本任务主要讲解变压器安装规范。通过安装规范的介绍，达到规范施工的目的，加强设备安装质量，减少设备故障投运的情况。

≫ 【知识要点】

一、电力变压器施工及验收执行规范总则

从施工设计方案、设备运输、设备保管、设备质量、设备到场验收、施工的安全技术措施、相关建筑工程要求、设备材质要求等十个方面来阐述电力变压器施工及验收的总体规范要求（具体可参考《电力变压器施工及验收执行规范总则》）。其中尤其需要注意的是电力变压器的施工及验收除按行业规范的规定执行外，尚应符合国家现行的有关标准规范的规定。

二、电力变压器施工及验收执行规范细则

对电力变压器施工及验收的整个流程进行了详细描述，涵盖了每个步骤的工作要点和注意事项，包括从最开始的设备装卸与运输，到安装前的检查与保管、本体就位、注油前排氮、器身检查、变压器干燥、本体及附件安装、注油排氮、热油循环、补油和静置、整体密封检查、工

程交接验收等，共 11 个步骤（具体条款可参考《电力变压器施工及验收执行规范细则》）。

≫【技能要领】

一、变压器安装前应检查的项目

设备到达现场后，应及时进行下列外观检查：

（1）油箱及所有附件应齐全，无锈蚀及机械损伤，密封应良好。

（2）油箱箱盖或钟罩法兰及封板的连接螺栓应齐全，紧固良好，无渗漏；浸入油中运输的附件，其油箱应无渗漏。

（3）充油套管的油位应正常，无渗油，瓷件无损伤。

（4）充气运输的变压器，油箱内应为正压，其压力一般控制在 0.01～0.03MPa。

（5）装有冲击记录仪的设备，应检查并记录设备在运输和装卸中的受冲击情况。

二、变压器干燥的注意事项

（1）变压器是否需要进行干燥，应根据新装电力变压器不需干燥的条件进行综合分析判断后确定：

1）带油运输的变压器：

a. 绝缘油电气强度及微量水试验合格；

b. 绝缘电阻及吸收比（或极化指数）符合规定；

c. 介质损耗角正切 $\tan\delta$（%）符合规定（电压等级在 35kV 以下及容量在 4000kVA 以下者，可不作要求）。

2）充气运输的变压器：

a. 器身内压力在出厂到安装前均保持正压。

b. 残油中微量水不应大于 30μL/L；电气强度试验在电压等级为 330kV 及以下者不低于 30kV，500kV 者不低于 60kV。

c. 变压器注入合格绝缘油后：

a）绝缘油电气强度及微量水符合规定；

b）绝缘电阻及吸收比（或极化指数）符合规定；

c）介质损耗角正切值 tanδ（％）符合规定。

注：① 上述绝缘电阻、吸收比（或极化指数）、tanδ（％）及绝缘油的电气强度及微量水试验应符合 GB 50150—2016《电气装置安装工程电气设备交接试验标准》的相应规定。② 当器身未能保持正压，而密封无明显破坏时，则应根据安装及试验记录全面分析做出综合判断，决定是否需要干燥。

3）采用绝缘件表面的含水量判断时，应符合规范规定。

（2）设备进行干燥时，必须对各部温度进行监控。当为不带油干燥利用油箱加热时，箱壁温度不宜超过 110℃，箱底温度不得超过 100℃，绕组温度不得超过 95℃；带油干燥时，上层油温不得超过 85℃；热风干燥时，进风温度不得超过 100℃。

干式变压器进行干燥时，其绕组温度应根据其绝缘等级而定。

（3）采用真空加温干燥时，应先进行预热。抽真空时应监视箱壁的弹性变形，其最大值不得超过壁厚的两倍。

（4）在保持温度不变的情况下，绕组的绝缘电阻下降后再回升，110kV 及以下的变压器持续 6h，220kV 及以上的变压器持续 12h 保持稳定，且无凝结水产生时，可认为干燥完毕。

（5）干燥后的变压器应进行器身检查，所有螺栓压紧部分应无松动，绝缘表面应无过热等异常情况。如不能及时检查时，应先注以合格油，油温可预热至 50～60℃，绕组温度应高于油温。

三、主变压器本体及附件安装要点

（1）主变压器安装必须在晴朗干燥，无尘土飞扬及其他污染的天气进行。现场应与气象部门联系，了解气候变化情况，并做好突然下雨的临时应急措施。

（2）主变压器安装前一天必须对主变压器周围场地进行清理打扫，保证工作场地的清洁卫生。

（3）与厂家人员做好配合、沟通，对所有部件进行核对，完成各项附件安装。

（4）附件的安装应先下后上、先里后外的顺序进行，严防器件相互碰撞。

（5）螺栓紧固时，应先将密封圈放平整，调整合适后，再依对角位置交叉地反复紧固螺母，每次旋紧约 1/4 圈，不得单独一拧到底，密封圈压缩量约为 1/3。

（6）附件安装完毕保持箱体清洁，各侧套管绝缘子清扫干净，油迹清洗干净。

（7）导油管、散热片安装。

1）安装前先检查内部是否清洁干净，有无受潮。

2）安装散热器时应设专人指挥，上下协调一致。起吊速度要缓慢平稳。散热片吊装时应小心谨慎，防止散热片受力变形后渗油。

3）吊装时应使用散热器的专用吊环，不可以随意绑扎。

4）法兰面对准，检查密封圈位置是否放正。

（8）套管 TA 的安装。

1）套管 TA 的安装在做完预试后进行。

2）套管 TA 的接线板密封良好无渗漏。

3）应使铭牌向外，放气塞位置应在最高处。

4）密封垫应放在法兰的槽内，没有槽的应放在中心位置。

5）套管 TA 在起吊前擦净污垢，并对上下端法兰进行清洗。

6）套管 TA 就位时，应按厂家标定位置进行，保证套管安装的角度和升高座回油管道位置的要求。

（9）储油柜的安装。

1）安装储油柜前必须对胶囊进行检查，确保密封良好。

2）用白布擦净胶囊，从端部将胶囊放入储油柜，防止胶囊堵塞气体继电器连接管，联管口应加焊挡罩。将胶囊挂在挂钩上，连接好引出口。

3）注意保证储油柜顶部法兰处密封良好。

4）油位计动作灵活，指示正确，接点处密封良好。

5）起吊时用绳子牵引储油柜，防止碰撞。

（10）低压套管安装。

1）瓷套内外表面清洁，无裂纹、破损。

2）穿缆式套管的引线不能硬拉，其引线应圆滑地进入套管，确保引线绝缘和引线的完好。

3）引线对油箱的距离应满足要求。

4）套管下端引线的螺栓应紧固，并有防松措施，导电杆上的螺帽应采用铜螺帽。

5）固定套管的金具应有弹性纸垫，各螺栓受力均匀，橡胶密封垫压缩量为 1/3。

（11）气体继电器安装。

1）检查容器、玻璃窗，放气阀门、放油塞、接线盒、小瓷套等是否完整，接线端子及盖板上箭头标示应清晰，继电器内充满变压器油。

2）流速应按整定单的要求校验合格，动作可靠，绝缘合格。

3）气体继电器联结管径应与继电器管径相同，其弯曲部分应大于 90°。

4）气体继电器先装两侧联管，联管与阀门、联管与油箱顶盖间的联结螺栓暂不完全拧紧，将气体继电器安装于其间，朝向正确。用水平尺找准位置并使出入口联管和气体继电器三者处于同一中心位置，橡胶密封垫位置正确，然后将螺栓均匀拧紧。

5）防雨罩安装牢固或者更换为有防雨功能的继电器。

（12）高压套管与中性点套管安装。

1）检查和清扫瓷套外表和导电管内壁。外表和导电管内壁应清洁，无裂纹、破损及放电痕迹。

2）套管油位正常，试验合格。若有异常时应查明原因，处理合格后才能回装，否则应更换处理。

3）当起吊到适当位置时，先装上均压球（一定要旋紧），再在导管中穿入电缆的拉绳绑在套管下端部，拉绳通过滑轮挂在起重机的吊钩上。挂好拉绳后，将套管竖立到一定倾斜度。

4）起吊过程应平稳缓慢，当套管吊到油箱上的安装法兰上方时，从油箱中取出电缆引线（在取出引线之前应在法兰上放好新的密封胶垫）。如发现引线的外包白布带脱落露铜时，应重新包扎好，然后将拉绳上的螺栓拧入引线头的螺孔中。理顺电缆引线（应防止打结和划伤）和拉绳，将套管徐徐插入升高座内，同时慢慢收拢拉绳，使电缆引线同步地向上升，直到套管就位。

5）套管就位过程中，应有两人稳住套管，一位主装人员通过人孔监视套管是否平稳地就位，如发现问题应立即停止回落，进行调整，必要时重新将套管升起后再进行调整，要确保套管下瓷套和引线及绝缘不受损伤。

6）套管将要到位时，应检查密封橡胶垫的位置是否到位。对一般穿缆式引线，应检查引线的绝缘锥是否已进入套管均压球；对成型绝缘件的引线，检查套管端部的金属部件是否已进入引线的均压球。检查无误后，即可将套管下落到位，并均匀拧紧固定套管法兰的螺栓。

7）将引线接头从套管顶部提出至合适高度，提升时切勿强拉硬拽，以防引线根部绝缘或夹件损坏。然后一手抓住引线接头，另一手拆除拉绳，并旋上定位螺母，定位螺母必须圆形端朝上，方形端朝下。定位螺母拧到与引线接头的定位孔对准时插入圆柱销。在导电座上放好新的"O"形密封圈后，用专用扳手卡住定位螺母旋上导电头，再用专用扳手将导电头和定位螺母用力拧紧。然后，将导电头用螺栓紧固在导电座上，紧固前要将"O"形密封圈放正，并将其压紧到合适程度，以确保密封性能良好。

四、热油循环、补油和静置的技术要求

（1）500kV变压器真空注油后必须进行热油循环，循环时间不得少于48h。热油循环可在真空注油到储油柜的额定油位后的满油状态下进行，此时变压器不抽真空；当注油到离器身顶盖200mm处时，热油循环需抽真空。真空度应符合规范规定。

真空净油设备的出口温度不应低于50℃，油箱内温度不应低于40℃。

经过热油循环的油应达到 GB 50150—2016《电气装置安装工程电气设备交接试验标准》的规定。

（2）冷却器内的油应与油箱主体的油同时进行热油循环。

（3）往变压器内加注补充油时，应通过储油柜上专用的注油阀，并经滤油机注入，注油至储油柜规定油位。注油时应排放本体及附件内的空气，少量空气可自储油柜排尽。

（4）注油完毕后，在施加电压前，其静置时间不应少于表 2-1 的规定。

表 2-1　　　　　　　　　　　　变压器静置时间标准

施　加　电　压	变压器静置时间
110kV 及以下	24h
220kV 及 330kV	48h
500kV	72h

（5）静置完毕后，应从变压器的套管、升高座、冷却装置、气体继电器及压力释放阀等有关部位进行多次放气，并启动潜油泵，直至残余气体排尽。

（6）具有胶囊或隔膜的储油柜的变压器必须按制造厂规定的顺序进行注油、排气。

任务二　变压器安装质量验收

≫【任务描述】

本任务主要讲解变压器安装质量验收的具体规范。通过变压器验收细则的介绍，掌握变压器安装验收要点，达到规范变压器验收工作的目的。

≫【知识要点】

1. 验收参加人员

（1）变压器竣工（预）验收由所属管辖单位运检部选派相关专业技术人员参与。

（2）变压器竣工（预）验收负责人员应为技术专责或具备班组工作负责人及以上资格。

2. 验收要求

（1）验收应对变压器外观、动作、信号进行检查核对。

（2）验收应核查变压器交接试验报告，对交流耐压试验、局部放电试验进行旁站见证，同时可对相关交接试验项目进行现场抽检。

（3）验收应检查、核对变压器相关的文件资料是否齐全。

（4）交接试验验收要保证所有试验项目齐全、合格，并与出厂试验数值无明显差异。

（5）电压等级不同的变压器，根据不同的结构、组部件选用相应的验收标准。

》【技能要领】

变压器的竣工验收共分为 13 个部分，其中涉及的细节问题颇多，在验收中应逐条核对，具体内容如下。

1. 本体外观验收

表面干净无脱漆锈蚀，无变形，密封良好，无渗漏，标志正确、完整，放气塞紧固。设备出厂铭牌齐全、参数正确。相序标志清晰正确。

2. 套管验收

（1）瓷套表面无裂纹、清洁、无损伤，注油塞和放气塞紧固，无渗漏油。

（2）油位计就地指示应清晰，便于观察，油位正常，油套管垂直安装油位在 1/2 以上（非满油位），倾斜 15°安装应高于 2/3 至满油位。

（3）相色标志正确、醒目。

（4）套管末屏密封良好，接地可靠。

（5）升高座法兰连接紧固、放气塞紧固。

（6）二次接线盒密封良好，二次引线连接紧固、可靠，内部清洁；电缆备用芯加装保护帽；备用电缆出口应进行封堵。

（7）引出线安装不采用铜铝对接过渡线夹，引线接触良好、连接可靠，引线无散股、扭曲、断股现象。

3. 分接开关验收

（1）无励磁分接开关。

1）顶盖、操动机构挡位指示一致。

2）操作灵活，切换正确，机械操作闭锁可靠。

（2）有载分接开关：手动操作不少于 2 个循环、电动操作不少于 5 个循环。其中电动操作时电源电压为额定电压的 85％及以上。

1）本体指示、操动机构指示以及远方指示应一致。

2）操作无卡涩、联锁、限位、连接校验正确，操作可靠；机械联动、电气联动的同步性能应符合制造厂要求，远方、就地及手动、电动均进行操作检查。

3）有载开关油枕油位正常，并略低于变压器本体储油柜油位。

4）有载开关防爆膜处应有明显防踩踏的提示标志。

4. 有载在线净油装置验收

（1）外观。装置完好，部件齐全，各连管清洁、无渗漏、污垢和锈蚀；进油和出油的管接头上应安装逆止阀；连接管路长度及角度适宜，使有载在线净油装置不受应力。

（2）装置性能。检查手动、自动及定时控制装置正常，按使用说明进行功能检查。

5. 储油柜验收

（1）外观检查。外观完好，部件齐全，各联管清洁、无渗漏、污垢和锈蚀。

（2）胶囊气密性。呼吸通畅。

（3）旁通阀。抽真空及真空注油时阀门打开，真空注油结束立即关闭。

（4）断流阀。安装位置正确、密封良好，性能可靠，投运前处于运行位置。

（5）油位计。

1）反映真实油位，油位符合油温、油位曲线要求，油位清晰可见，便于观察。

2）油位表的信号接点位置正确、动作准确，绝缘良好。

6．吸湿器验收

（1）外观。密封良好，无裂纹，吸湿剂干燥、自上而下无变色，在顶盖下应留出 1/5～1/6 高度的空隙，在 2/3 位置处应有标示。

（2）油封油位。油量适中，在最低刻度与最高刻度之间，呼吸正常。

（3）连通管。清洁、无锈蚀。

7．压力释放阀验收

（1）安全管道。将油导至离地面 500mm 高处，喷口朝向鹅卵石，并且不应靠近控制柜或其他附件。

（2）定位装置。定位装置应拆除。

（3）电触点检查。触点动作准确，绝缘良好。

8．气体继电器验收

（1）校验。校验合格。

（2）继电器安装。继电器上的箭头标志应指向储油柜，无渗漏，无气体，芯体绑扎线应拆除，油位观察窗挡板应打开。

（3）继电器防雨、防震。户外变压器加装防雨罩，本体及二次电缆进线 50mm 应被遮蔽，45°向下雨水不能直淋。

（4）浮球及干簧接点。

1）浮球及干簧接点完好、无渗漏，接点动作可靠。

2）采用排油注氮保护装置的变压器应使用双浮球结构的气体继电器。

（5）集气盒应引下便于取气，集气盒内要充满油、无渗漏，管路无变形、无死弯，处于打开状态。

（6）主连通管朝储油柜方向有 1.5％～2％升高坡度。

（7）气体继电器与主连通管之间设有波纹管者，波纹管应平直无弯曲、无变形。

9．温度计验收

（1）温度计校验。校验合格。

（2）整定与调试。根据运行规程（或制造厂规定）整定，接点动作正确。

（3）温度指示。现场多个温度计指示的温度、控制室温度显示装置或监控系统的温度应基本保持一致，误差不超过 5K。

（4）密封。密封良好、无凝露，温度计应具备良好的防雨措施，本体及二次电缆进线 50mm 应被遮蔽，45°向下雨水不能直淋。

（5）温度计座。

1）温度计座应注入适量变压器油，密封良好。

2）闲置的温度计座应注入适量变压器油密封，不得进水。

（6）金属软管不宜过长，固定良好，无破损变形、死弯，弯曲半径不小于 50mm。

10．冷却装置验收

（1）外观检查无变形、渗漏；外接管路清洁、无锈蚀，流向标志正确，安装位置偏差符合要求。

（2）潜油泵运转平稳，转向正确，转速不大于 1000r/min，潜油泵的轴承应采取 E 级或 D 级，油泵转动时应无异常噪声、振动。

（3）油流继电器指针指向正确，无抖动，继电器触点动作正确，无凝露。

（4）所有法兰连接螺栓紧固，端面平整，无渗漏。风扇安装牢固，运转平稳，转向正确，叶片无变形。

（5）阀门操作灵活，开闭位置正确，阀门接合处无渗漏油现象。

（6）冷却器两路电源两路电源任意一相缺相，断相保护均能正确动作，两路电源相互独立、互为备用。

（7）风冷控制系统动作校验正确。

11．接地装置验收

（1）外壳接地。

1）两点以上与不同主地网格连接，牢固，导通良好，截面积符合动热稳定要求。

2) 变压器本体上、下油箱连接排螺栓紧固，接触良好。

（2）中性点接地套管引线应加软连接，使用双根接地排引下，与接地网主网格的不同边连接，每根引下线截面积符合动热稳定校核要求。

（3）平衡线圈接地。

1）平衡线圈若两个端子引出，管间引线应加软连接，截面积符合动热稳定要求；

2）若三个端子引出，则单个套管接地，另外两个端子应加包绝缘热缩套，防止端子间短路。

（4）铁芯接地。接地良好，接地引下应便于接地电流检测，引下线截面积满足热稳定校核要求，铁芯接地引下线应与夹件接地分别引出，并在油箱下部分别标识。

（5）夹件接地。接地良好，接地引下应便于接地电流检测，引下线截面积满足热稳定校核要求。

（6）组部件接地储油柜、套管、升高座、有载开关、端子箱等应有短路接地。

（7）备用 TA 短接接地。正确、可靠。

12. 其他验收

（1）35、20、10kV 铜排母线桥。

1）装设绝缘热缩保护，加装绝缘护层，引出线需用软连接引出。

2）引排挂接地线处三相应错开。

（2）各侧引线。

1）接线正确，松紧适度，排列整齐，相间、对地安全距离满足要求。

2）接线端子连接面应涂以薄层电力复合脂。

3）户外引线 400mm^2 及以上线夹朝上 30°～90°安装时，应在底部设滴水孔。

（3）导电回路螺栓。

1）主导电回路采用强度 8.8 级热镀锌螺栓。

2）采取弹簧垫圈等防松措施。

3）连接螺栓应齐全、紧固，紧固力矩符合 GB 50149—2010《电气装置安装工程 母线装置施工及验收规范》。

（4）爬梯。梯子有一个可以锁住踏板的防护机构，距带电部件的距离应满足电气安全距离的要求；无集气盒的应便于对气体继电器带电取气。

（5）控制箱、端子箱、机构箱。

1）安装牢固，密封、封堵、接地良好。

2）除器身端子箱外，加热装置与各元件、二次电缆的距离应大于50mm，温控器有整定值，动作正确，接线整齐。

3）端子箱、冷却装置控制箱内各空开、继电器标志正确、齐全。

4）端子箱内直流"＋""－"极，跳闸回路应与其他回路接线之间应至少有一个空端子，二次电缆备用芯应加装保护帽。

5）交直流回路应分开使用独立的电缆，二次电缆走向牌标示清楚。

（6）二次电缆。

1）电缆走线槽应固定牢固，排列整齐，封盖良好并不易积水。

2）电缆保护管无破损锈蚀。

3）电缆浪管不应有积水弯或高挂低用现象，若有应做好封堵并开排水孔。

（7）消防设施。齐全、完好，符合设计或厂家标准。

（8）事故排油设施。完好、通畅。

（9）专用工器具清单、备品备件。齐全。

验收工作中，需要针对以上内容逐条进行核对，确保设备无隐患上网。

≫【典型案例】

一、案例描述

在某110kV变电站的竣工验收中，验收人员发现主变压器本体气体继电器法兰处的波纹管安装倾斜角度过大，随着运行时间加长，将造成波纹管变形老化，发生渗油缺陷。

二、原因分析

该安装问题是因为波纹管两侧的油枕引下管与气体继电器安装位置精度掌握不精确导致的，如图 2-1 所示。

三、防控措施

（1）督促施工方对该问题进行整改，如图 2-2 所示。

气体继电器波纹管偏移变形

图 2-1　气体继电器波管安装倾斜　　图 2-2　气体继电器波纹管倾斜调整后

（2）在今后的验收工作中，尤其要注意这类出现频率高、隐患大的设备安装质量问题。

项目三

变压器本体及附件检修

≫ 【项目描述】

本项目包含变压器检修概述、变压器本体及各附件的检修要点。通过检修概述及要点分析，了解变压器各检修类型，熟悉变压器检修流程，掌握变压器本体及各附件的检修工艺。

任务一　变压器检修概述

≫ 【任务描述】

本任务主要讲解变压器检修知识。通过变压器检修概述，了解变压器的检修类型，熟悉变压器检修流程，达到规范变压器检修工作的目的。

≫ 【知识要点】

一、变压器检修类型

1. 变压器大修

变压器大修是指变压器吊芯或吊开钟罩的检查和维修。当发生以下情况时，应进行大修：

（1）箱沿焊接的全密封变压器或制造厂另有规定者，若经过试验与检查并结合运行情况，判定有内部故障或本体严重渗漏油时，应进行大修。

（2）在电力系统中运行的主变压器当承受出口短路后，经综合诊断分析，可考虑大修。

（3）运行中的变压器，当发生异常状况或经试验判明有内部故障时，应进行大修。

2. 例行检修

例行检修是一种标准化检修，是以统一规范的检修作业流程及工艺要求为准则而开展的一种周期性检修模式。其目的是通过对作业流程及工艺要求的严格执行，更好地开展检修工作，确保检修工艺和设备投运质量，使得检修作业专业化和标准化。目前电力系统变电设备通常采用例行检修模式，周期为5～6年进行一次。

3. 状态检修

状态检修是将基础定格在设备的状态评价，然后对分析诊断以及设备状态的结果进行考察，再安排进行状态检修的项目以及时间，从而确定好检修的实施方式。定期检修，即前面提到的例行检修，是属于一种预防性检修，其参考依据是时间或相关规定，有固定的周期。而状态检修的参考依据则是状态，从而将固定的检修周期转换成为实际的运行状态，这是一种新型的较为灵活的检修模式。

二、变压器检修周期

（1）基准周期35kV及以下4年、110（66）kV及以上3年。

（2）可依据设备状态、地域环境、电网结构等特点，在基准周期的基础上酌情延长或缩短检修周期，调整后的检修周期一般不小于1年，也不大于基准周期的2倍。

（3）对于未开展带电检测设备，检修周期不大于基准周期的1.4倍；未开展带电检测老旧设备（大于20年运龄），检修周期不大于基准周期。

（4）110（66）kV及以上新设备投运满1～2年，以及停运6个月以上重新投运前的设备，应进行检修。对核心部件或主体进行解体性检修后重新投运的设备，可参照新设备要求执行。

（5）现场备用设备应视同运行设备进行检修；备用设备投运前应进行检修。

（6）符合以下各项条件的设备，检修可以在周期调整后的基础上最多延迟1个年度：

1）巡视中未见可能危及该设备安全运行的任何异常。

2）带电检测（如有）显示设备状态良好。

3）上次试验与其前次（或交接）试验结果相比无明显差异。

4）上次检修以来，没有经受严重的不良工况。

》【技能要领】

一、变压器大修项目

（1）吊开钟罩检修器身，或吊出器身检修。

（2）绕组、引线及磁（电）屏蔽装置的检修。

（3）铁芯、铁芯紧固件、压钉、压板及接地片的检修。

（4）油箱及附件的检修，包括套管、吸湿器等。

（5）冷却器、油泵、水泵、风扇、阀门及管道等附属设备的检修。

（6）安全保护装置的检修。

（7）油保护装置的检修。

（8）测温装置的校验。

（9）操作控制箱的检修和试验。

（10）无励磁分接开关和有载分接开关的检修。

（11）全部密封垫的更换和组件试漏。

（12）必要时对器身绝缘进行干燥处理。

（13）变压器油的处理或换油。

（14）清扫油箱并进行喷涂油漆。

（15）大修的试验和试运行。

二、变压器大修工艺流程

修前准备→办理工作票，拆除引线→电气、油务试验、绝缘判断→排部分油，拆卸附件并检修→排尽油并处理，拆除分接开关连接件→吊钟罩（器身）器身检查，检修并测试绝缘→受潮则干燥处理→按规定注油方式注油→安装套管、冷却器等附件→密封试验→油位调整→电气、油务试验→交付验收，终结工作票。

其中，变压器器身暴露空气中时间有其特定要求。器身暴露空气时间是指从变压器放油时起至开始抽真空注油时为止。器身暴露空气中的时间不应超出如下的规定：空气相对湿度不大于 65％时为 16h；空气湿度不大于 75％时为 12h。

三、变压器例行检修作业流程及相关要求

1. 修前准备

（1）检修前的状态评估。

（2）检修前的红外测温和现场摸底。

（3）材料和工器具准备（见表 3-1）。

表 3-1　　　　　　　　材料和工器具准备

序号	名称	规格	单位	数量	备注
1	变压器油	油种、油重以设备参数为准	kg	若干	
2	汽油		kg	10	
3	润滑机油		kg	1	
4	油漆	黄、绿、红、铝粉	kg	各1	
5	漆刷		把	4	
6	变色硅胶		kg	若干	
7	电力复合脂（导电膏）		罐	1	
8	砂纸	0#	张	2	
9	路灯吊		辆	1	根据检修前现场摸底决定

（4）危险点分析及预控措施。

1）人身触电。

a. 高压触电伤害。

a）确认安全措施到位，所有检修人员必须在明确的工作范围内进行工作。

b）检修人员在工作开始、间断后工作前必须确认检修设备各侧接地线。

c）路灯吊吊臂回转时保证与带电设备有足够的安全距离。

d）高压试验前，非试验人员必须撤离至试验围栏以外。试验后被试设备须短接对地放电。

e）严禁使用金属梯子，梯子必须放倒水平搬运、并与带电设备保持足够的安全距离。

b. 感应电伤害。

a）路灯吊、吊车等必须可靠接地。

b）拆接引线时，套管侧引线必须有可靠接地措施。

c. 低压触电伤害。

a）电动工器具使用前外壳必须可靠接地。

b）检修电源必须装有触电保安器，设备（触电保安器、电源盘、电缆等）合格、无破损。

c）拆接检修电源时必须有专人监护，试送电时受电侧有人监护。

d）冷却风机、油泵检修前，必须切断动力电源，冷却控制柜必须悬挂"禁止合闸，有人工作"标示牌。

2）高处坠落。

a. 梯子上跌落。

a）使用合适且合格的梯子（牢固无破损、防滑等）。

b）梯子必须架设在牢固基础上（与地面夹角60°为宜）；顶部必须绑扎固定，无绑扎条件时必须有专人扶持。

c）禁止两人及以上在同一梯子上工作。

b. 升高设备上跌落。

a）作业前确认升高设备正常、支腿放置牢固。

b）工作人员必须使用安全带。

c）工作时人员重心不得偏出斗外。

c. 设备上滑跌。

a）设备上工作人员必须穿着合格劳保用品。

b）及时清除设备上油污。

c）高处作业必须使用安全带。

d. 其他。严禁上下抛接工器具等物品。

3）机械伤害。起重设备伤害：

a. 作业前确认起重设备正常、支腿放置牢固（严禁置于电缆沟及孔洞盖板上）。

b. 起重工作时必须有专人监护、指挥。起重人员必须持证上岗，应严格按照指挥人员的指令操作，禁止超负荷吊运（含钢丝绳、吊带等吊具）。

c. 吊臂下严禁站人。

d. 起吊物品不得长时间在空中滞留。

4）设备损坏。

a. 套管损坏。

a）吊车、升高车作业时有防碰撞措施：吊斗或套管用厚海绵包扎，吊臂、吊钩与套管保持一定距离，使用完毕及时移开；吊运物品有牵引绳导向。

b）套管上部作业，工器具及物品有防跌落措施：用专用工具袋，必要时用吊带牵引工具，防止下跌损坏设备。

c）紧固螺栓用死扳手或套筒扳手等专用工具，严禁扳手打滑损坏设备，安装紧固套管螺栓应均匀紧固。

b. 附件损坏。温度计、压力释放阀、气体继电器等附件检修，严格按工艺标准检修。

c. 其他。禁止梯子靠在电缆上，严禁工作人员踩踏电缆、温度计温包细管及集气管。

5）火灾。

人身动火伤害：作业现场禁止吸烟，如需动火作业必须执行动火工作票。

6）废弃物。

环境污染：废变压器油由统一保存、严禁污染环境。现场所有固体废弃物应分类放置在垃圾筒内。

2. 拆除套管引线

（1）拆除套管一次引线时，应使用路灯吊并系安全带。

（2）引线拆除后，将引线用绝缘绳固定。拆卸的螺栓零件应妥善保管。线夹及导线无开裂发热迹象，导线无断股、散股现象。

（3）套管做好防碰撞措施。路灯吊作业应有人监护。

3. 储油柜检修

（1）外观检查。无渗漏、锈蚀，油漆应完好。

（2）油位检查。判断油位高低参照变压器铭牌上的油位-温度曲线，油位高低在允许范围内。

（3）油位计检查。油位计无渗漏，指示应清晰。

（4）积污盒检查。带油拧开时，防止跑油，做好防范措施。积污盒中无杂物、油垢。

4. 压力释放阀检修

（1）外观检查。清扫护罩和导流罩，密封良好无渗漏。

（2）连接螺栓及压力弹簧检查。连接螺栓及压力弹簧应完好，无锈蚀、无松动。

（3）微动开关检查。微动开关引线接触良好，电缆外壳绝缘良好，动作正确。压力释放阀动作试验后应及时复归。

5. 气体继电器检修

（1）外观检查。盖板上箭头标示清晰，无渗漏油，继电器内无残留空气。

（2）二次引线检查。二次引线端子盒无积水、积油，孔洞封堵良好，防雨罩固定牢固。二次引线电缆外壳绝缘良好。

（3）微动开关检查。轻、重瓦斯保护动作正确。气体继电器动作后应及时复归。

6. 吸湿器检修

（1）外观检查。油杯清洁完好，密封良好。油杯内油位应在刻度范围内。新装吸湿器，应将油杯密封垫拆除。

（2）硅胶检查。

1）硅胶变色超过 2/3 应更换；

2）新硅胶颗粒不小于 3mm，在顶盖下面留出 1/6～1/5 高度的空间；

3）更换硅胶后，油杯拧紧后往回倒半圈。

7．套管检修

（1）外观检查。密封良好，无渗漏油，油位在正常范围内。作业中吊斗与套管保持必要距离，防止误碰套管。

（2）外绝缘清扫。清扫绝缘表面积尘和污垢，必要时使用洗涤剂清洗，涂有 RTV 涂料的瓷套表面如积灰严重，可用鸡毛掸掸净。绝缘表面应无放电痕迹、无裂纹。清洁瓷套不得刮伤釉面。

（3）套管末屏检查。套管末屏接地可靠，无渗漏。小瓷套管表面应清洁，无积灰垢。

（4）套管升高座检查。紧固二次接线时防止螺杆转动，防止二次接线之间短路。套管电流互感器二次引出线应接触良好并无渗漏油。

8．有载开关检修

（1）外观检查。油位指示正常、无渗漏油。

（2）操动机构检查。控制回路正常、手动和电动操作正常。手动操作时必须将操作电源开关断开。

（3）在线滤油装置检查。无渗漏、动作正常，滤芯压力表指示正常。

9．变压器油色谱在线监测装置检修

外观检查。无渗漏。

10．无励磁开关检修

外观检查。无锈蚀、无渗漏。操作过无励磁开关后必须进行直流电阻试验。

11．测温装置检修

（1）外观检查。

1）温度表计内应无水汽，指示正确；

2）测温插管密封良好，无进水及渗漏现象。金属软管无损伤。

（2）温度计校验。温度计整定值按整定单执行，并做好记录。温度计应校验合格，模拟传动正确。

12. 油箱检修

（1）外观检查。整体密封良好，无渗漏油。

（2）油箱清扫。清扫油箱外部，清除积存在箱面的油垢杂物。

（3）补漆。对局部脱漆和锈蚀部位进行处理，重新补漆。补漆前应先清除外部油垢及污秽。

13. 冷却系统检修

（1）散热器检修。

1）外观检查。散热器表面无渗漏。

2）散热器冲洗。用高压水枪冲洗散热器，直至散热器表面无灰尘。用水冲洗散热器时应注意防止风扇电机接线盒进水。

（2）冷却器检修。

1）风扇运行检查。风扇转动正常无卡涩，转向正确。

2）风扇电机检查。检查风扇前应先拉开电源，取下控制熔丝。电源引线接触良好，电缆外壳绝缘电阻不小于 $0.5M\Omega$。

3）对风扇电机添加润滑油，电机润滑良好。

4）潜油泵检查。潜油泵转动正常无卡涩，转向正确。电源引线接触良好，电缆外壳绝缘电阻不小于 $0.5M\Omega$。

（3）冷却器控制箱检修。

1）外观检查。检查前拉开空气开关，取下控制回路上的熔丝，防止误碰带电二次接线。控制箱内部应无灰尘及杂物，无漏水现象，控制箱外表油漆应完好无锈蚀。

2）电气元件检查。电气元件的触点完好，螺栓紧固、二次接线接触良好，端子排无松动、无锈蚀。必要时用 500V 绝缘电阻表测量二次回路（含电缆）的绝缘电阻，绝缘电阻应不小于 $0.5M\Omega$。

3）联动试验。Ⅰ、Ⅱ段电源互为备用，辅、备用冷却器投切正确。

14. 阀门检修

（1）外观检查。阀门转动灵活，密封面及阀芯无渗漏。

（2）指示位置检查。阀门开、闭位置正确，指示清晰。

15. 接地系统检修

（1）本体接地检查。本体接地、铁芯、夹件外引接地可靠，油漆色标正确清晰。

（2）附件接地检查。附件外壳接地可靠。

（3）例行试验。确认试验结束、数据合格。

16. 套管引线搭接

（1）接触表面处理。清除导电接触面间的污垢及氧化膜，并均匀地涂抹上导电膏。如发现接头有过热现象，应清除氧化物，涂导电膏后重新组装紧固。搭接套管头部引线时，应使用路灯吊并系安全带。

（2）螺栓连接。螺栓无锈蚀，紧固可靠。

（3）清场验收。

1）确认所有检修项目已完成，缺陷已消除；

2）清理现场，确认现场无遗留物件；

3）现场安全措施恢复至工作许可状态。设备恢复到原状态。

任务二　铁　芯　检　修

≫【任务描述】

本任务主要讲解铁芯的检修要点。通过铁芯检修要点的介绍，熟悉变压器铁芯的质量标准，掌握铁芯的检查方法和检修工艺。

≫【知识要点】

铁芯的检查项目主要是检查铁芯的绝缘、夹紧程度及漏磁发热等情况。用绝缘电阻表测量铁芯对油箱、紧固结构件等金属接地件之间的绝缘电阻，判断铁芯的绝缘情况，同时应检查铁芯有无片间短路现象，并做针对性处理。对有接地屏和磁屏蔽的铁芯，还要检查其与铁芯的绝缘和接地情况。检查铁芯紧固结构件中螺栓的紧固情况，必要时进行紧固。检查铁芯紧固件有无漏磁、发热现象。

≫【技能要领】

一、铁芯检修工艺

铁芯、绕组及引线如图 3-1 所示。

（1）检查铁芯外表是否平整，有无片间短路或变色、放电烧伤痕迹，绝缘漆膜有无脱落，上铁扼的顶部和下铁扼的底部是否有油垢杂物，可用干净的白布或泡沫塑料擦拭。若叠片有翘起或不规整之处，可用木捶或铜锤敲打平整。

（2）检查铁芯上下夹件、方铁、绕组压板的紧固程度和绝缘状况，绝缘压板有无爬电烧伤和放电痕迹。为便于监测运行中铁芯的绝缘状况，可在大修时在变压器箱盖上加装一小套管，将铁芯接地线（片）引出并接地。

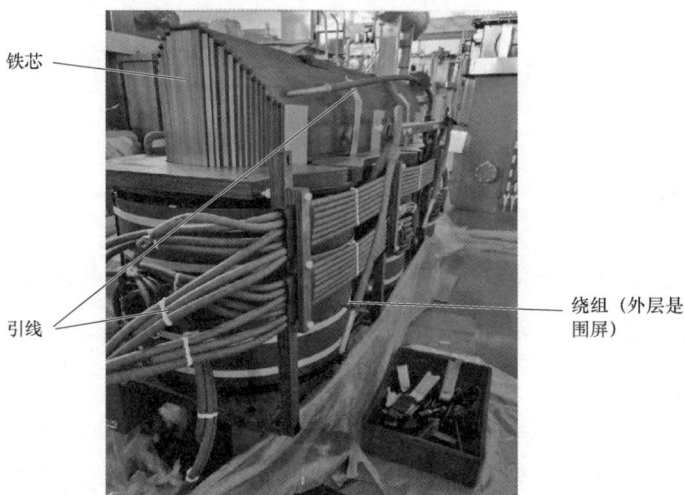

图 3-1　铁芯、绕组及引线

（3）检查压钉、绝缘垫圈的接触情况，用专用扳手逐个紧固上下夹件、方铁，压钉等各部位紧固螺栓。

（4）用专用扳手紧固上下铁芯的穿心螺栓，检查与测量绝缘情况。

（5）检查铁芯间和铁芯与夹件间的油路。

（6）检查铁芯接地片的连接及绝缘状况。

（7）检查无孔结构铁芯的拉板和钢带。

（8）检查铁芯电场屏蔽绝缘及接地情况。

二、铁芯质量标准

（1）铁芯应平整，绝缘漆膜无脱落，叠片紧密，边侧的硅钢片不应翘起或成波浪状，铁芯各部表面应无油垢和杂质，片间应无短路、搭接现象，接缝间隙符合要求。

（2）铁芯与上下夹件、方铁、压板、底脚板间均应保持良好绝缘。

（3）钢压板与铁芯间要有明显的均匀间隙；绝缘压板应保持完整、无破损和裂纹，并有适当紧固度。

（4）钢压板不得构成闭合回路，同时应有一点接地。

（5）打开上夹件与铁芯间的连接片和钢压板与上夹件的连接片后，测量铁芯与上下夹件间和钢压板与铁芯间的绝缘电阻，与历次试验相比较应无明显变化。

（6）螺栓紧固，夹件上的正反压钉和锁紧螺帽无松动，与绝缘垫圈接触良好，无放电烧伤痕迹，反压钉与上夹件有足够距离。

（7）穿心螺栓紧固，其绝缘电阻与历次试验比较无明显变化。

（8）油路应畅通，油道垫块无脱落和堵塞，且应排列整齐。

（9）铁芯只允许一点接地，接地片用厚度 0.5mm，宽度不小于 30mm 的紫铜片，插入 3～4 级铁芯间，对大型变压器插入深度不小于 80mm，其外露部分应包扎绝缘，防止短路铁芯。图 3-2、图 3-3 为变压器吊罩后测量铁芯对地绝缘电阻。

（10）应紧固并有足够的机械强度，绝缘良好不构成环路，不与铁芯相接触。

（11）绝缘良好，接地可靠。

图 3-2 铁芯绝缘电阻测量（铁芯端头）

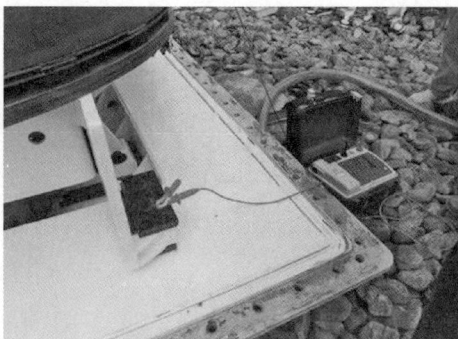

图 3-3 铁芯绝缘电阻测量（地端头）

》【典型案例】

一、案例描述

主变压器总烃数据异常。

二、过程分析

2016 年 8 月 4 日，某供电公司试验人员在对 110kV××变 2 号主变压器绝缘油年度例行色谱试验过程中发现其氢气为 344.55μL/L、总烃为 788.63μL/L（CH_4：306.24μL/L，C_2H_6：125.77μL/L，C_2H_4：356.27μL/L，C_2H_2：0.35μL/L）。8 月 5 日，试验人员对 2 号主变压器中、底部变压器油色谱进行跟踪检测：氢气为 343.32μL/L、总烃为 805.75μL/L。

2016 年 11 月 15 日，跟踪检测其氢气为 411.57μL/L、总烃为 1637.6μL/L。

从油色谱数据结果分析看，总烃含量很高，甲烷和乙烯为主要成分，乙炔含量小于 5μL/L，氢气含量也较高，因此，用特征气体法判断，该主变压器存在裸金属过热性故障。

通过对特征气体的三比值法分析，比值编码"021"，判断此主变压器故障性抽为"300～700℃中等温度范围的热故障"。

油中溶解气体分析档案表见表 3-2。

表 3-2

油中溶解气体分析档案表

年/月/日/时		2011/1/17	2011/8/2	2011/8/24	2012/2/7	2012/8/1	2013/1/21	2013/7/15	2014/1/9	2014/7/2	2015/1/12	2015/1/20	2015/7/7	2015/7/15	2015/8/13	2016/8/4	2016/8/5	2016/8/5
取样条件	取样部位													底部	底部	底部	底部	中部
	油温(℃)																	
	负荷(kVA)																	
含气量(%)																		
组分含量	H_2	125.87	160.78	182.68	175.03	183.59	139.6	200.6	195.98	171.78	234.77	220.71	215.16	159.14	227.02	344.55	343.32	310.96
	CH_4	19.86	17.93	18.79	19.07	19.4	15.37	25.61	17.67	17.86	17.76	17.01	30.87	26.31	31.39	306.24	313.48	290.5
	C_2H_6	3.54	3.71	3.65	3.93	3.26	2.41	4.21	3.21	4.16	3.11	2.91	7.84	7.54	8.19	125.77	128.53	125.45
	C_2H_4	1.79	1.72	1.71	1.78	1.52	1.15	1.83	1.52	3	4.23	4.01	15.28	14.7	16.4	356.27	363.41	351.61
	C_2H_2	0	0	0	0	0	0	0	0	0	0	0.11	0	0	0	0.35	0.33	0.28
	总烃	25.19	23.36	24.15	24.78	24.18	18.93	31.65	22.4	25.02	25.1	24.04	53.99	48.55	55.98	788.63	805.75	767.84
	CO	1296.81	1210.8	1276.1	1287.7	2163	907	1398	1351	1499	1250	1260	1694	1819	1960	2289	2186	2054
	CO_2	13 124.08	13 635	13 845	13 428	14 281	12 581	17 642	16 342	18 998	15 271	14 400	22 670	21 873	20 803	30 623	29 180	28 024

2017 年 3 月 28 日，在制造厂车间对该变压器进行吊芯检查分析，测试铁芯对地绝缘电阻符合要求，但发现以下问题：B 相线圈上下托板轻微移位，C 相调压线圈垫块松动；铁芯端面的压紧垫块移位，如图 3-4 所示；有一块绝缘板中间正对应铁芯之间油道位置，有一粒焊渣，如图 3-5 所示。

图 3-4　铁芯端面压紧垫块移位

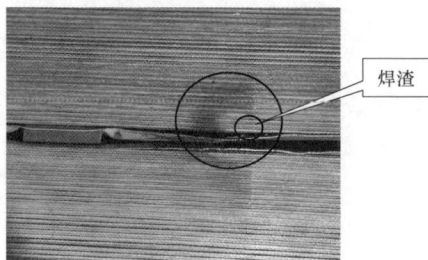

图 3-5　铁芯间油道留有焊渣

三、结论建议

通过分析认定原因为主变压器投运多年，线圈垫块、铁芯上垫块因器身振动而松动。油箱上焊渣可能随油流进入到铁芯绝缘板内，铁芯油道间的焊渣造成铁芯对铁芯之间放电，引起铁芯发热，是导致此次主变压器总烃数据偏高的主要原因。

若发现变压器油组分异常或超标，则应立即安排带电检测，进行变压器油色谱分析并加强监视。

任务三　绕组及引线检修

≫【任务描述】

本任务主要讲解绕组及引线的检修要点。通过绕组及引线检修要点的介绍，熟悉绕组及引线的质量标准，掌握其检查方法和检修工艺。

≫【知识要点】

根据绕组最外层是否包有围屏，可分为有围屏绕组和无围屏绕组两种结构。对于有围屏绕组正常吊心检修时，只能看见围屏，不能看到绕组的实际结构。所以重点应检查围屏有无变形、发热、树枝状放电和受潮痕迹，围屏清洁有无破损，绑扎紧固是否完整等。而无围屏的绕组，能检查到高压绕组的外层部分，除了检查绕组有无变形，绕组各部垫块有无位移和松动情况外，还应检查高压绕组的绝缘状况，绕组绝缘有无局部过热、放电痕迹，绕组外观绝缘是否整齐清洁、有无破损等。不管绕组有无围屏，都要检查压钉紧压绕组情况。

引线的绝缘主要决定于绝缘距离，检修中应检查引线与各部分的绝缘距离是否符合要求。为了保证引线的绝缘距离不改变，同时应检查夹持件的紧固情况，另外还应检查引线表面的绝缘情况，检查引线焊接、连接不良及引线有无断股等。

≫【技能要领】

绕组及引线的检修工艺和质量标准内容如下：

1. 检查相间隔板和围屏

（1）围屏清洁无破损，绑扎紧固完整、分接引线出口处封闭良好，围屏无变形、发热和树枝状放电痕迹。

（2）围屏绑扎应用收缩带加固或改用收缩带。

（3）相间隔板完整并固定牢固。如发现异常应打开围屏进行检查。

2. 检查绕组和匝绝缘

（1）绕组应清洁，表面无油垢，无变形，整个绕组无倾斜、位移，导线轴向无明显弹出现象。

（2）匝绝缘无破损。

3. 检查绕组各可见部位的垫块

绕组垫块破损如图 3-6 所示。各可见部位垫块应排列整齐，轴向间距相等。轴向成一直线，支撑牢固有适当压紧力，垫块外露出绕组的长度至少应超过绕组导线的厚度。

图 3-6　绕组垫块破损

4. 检查绕组可见绕组、油道

（1）油道保持畅通，无绝缘油垢及其他杂物（如硅胶粉末）积存，必要时可用软毛刷（或用绸布、泡沫塑料）轻轻擦拭。

（2）外观整齐清洁，绝缘及导线无破损，绕组线匝表面如有破损裸露导线处，应进行包扎处理。

（3）特别注意导线的统包绝缘，不可将油道堵塞，以防局部发热、老化。

5. 用手指按压绕组表面检查其绝缘状态

（1）一级绝缘；绝缘有弹性，用手指按压后无残留变形，属良好状态。

（2）二级绝缘；绝缘仍有弹性，用手指按压后无裂纹、脆化，属合格状态。

（3）三级绝缘；绝缘脆化，呈深褐色，用手指按压时有少量裂纹和变形，属勉强可用状态。

（4）四级绝缘；绝缘已严重脆化，呈黑褐色，用手指按压时即酥脆、变形、脱落，甚至可见裸露导线，属不合格状态。

6. 对绝缘性能有怀疑时可进行聚合度和糠醛试验

对照 GB 7595—2017《运行中变压器变压器油质量》判定。

任务四　油　箱　检　修

》【任务描述】

本任务主要讲解变压器油箱的检修要点。通过油箱检修要点的介绍，熟悉油箱的质量标准，掌握其检查方法和检修工艺。

》【知识要点】

油箱的检修主要是检查和处理渗漏油，同时对油箱底部、密封面、管路等进行清洗，对有磁屏蔽油箱的磁屏蔽进行检修。另外，由于漏磁涡流、电流发热等作用的影响，油箱过热也是较为常见的问题，需要结合实际情况进行针对性处理。

》【技能要领】

油箱的检修工艺和质量标准内容如下：

（1）对油箱上焊点和焊缝中存在的砂眼等渗漏点进行补焊。消除渗漏点。

（2）清扫油箱内部，清除寄存在箱底的油污杂质。油箱内部洁净，无锈蚀，漆膜完整。

（3）清扫强油循环管路，检查固定于下夹件上的导向绝缘管，连接是否牢固，表现有无放电痕迹。强油循环管路内部清洁，导向管连接牢固，绝缘管表明光滑，漆膜完整、无破损、无放电痕迹。

（4）检查钟罩和油箱法兰结合面是否平整，发现沟痕，应补焊磨平。法兰结合面清洁平整。

（5）检查器身定位钉。防止定位钉造成铁芯多点接地；定位钉无影响不可退出。

（6）检查磁（电）屏蔽装置，有无放电现象，固定是否牢固。磁（电）屏蔽装置可靠接地。

（7）检查内部油漆情况，对局部脱漆和锈蚀部位应处理，重新补漆。内部漆膜完整，附着牢固。

（8）更换钟罩与油箱间的密封胶垫。胶垫接头粘合牢固，并放置在油箱法兰直线部位的两螺栓中间，搭接面平放，搭接面长度不少于胶垫宽度的 2～3 倍。在胶垫接头处严禁用白纱带或尼龙带等物包扎加固。

（9）油箱外部检修。

1）油箱的强度足够，密封良好，如有渗漏应进行补焊，重新喷漆。

2）密封胶垫全部予以更换。

3）箱壁或顶部的铁芯定位螺栓退出与铁芯绝缘。

4）油箱外部漆膜喷涂均匀、有光泽、无漆瘤。

5）铁芯（夹件）外引接地套管完好。

≫ 【典型案例】

一、案例描述

主变压器夹件接地瓷套渗油。

二、原因分析

现场消缺勘查发现夹件接地瓷套头部发生了较明显的左倾，同时瓷套表面布满了油迹如图 3-7 所示。从现象上看，很明显是被瓷套上的接地铜排往左拉所造成。推其原因，是由于物体的热胀冷缩原理，夹件接地铜排在温度的影响下产生伸缩，从而对接地瓷套产生推力和拉力，久而久之使得瓷套头部密封逐渐失效，最终造成渗油。

图 3-7　主变压器夹件接地套管渗油

三、防控措施

（1）更换密封件。

（2）对接地铜排角度进行调整，并增加母线伸缩节。

（3）对主变压器铁芯接地瓷套相关部位密封进行检查，以免同样问题发生。

铁芯、夹件接地的正确安装方式，应在接地瓷套与接地铜排之间加装母线伸缩节（俗称软连接），如图 3-8 所示。

图 3-8　铁芯、夹件正确接地安装方式

任务五　套　管　检　修

》【任务描述】

本任务主要讲解变压器套管的检修要点。通过套管检修要点的介绍，熟悉套管的质量标准，掌握其检查方法和检修工艺。

》【知识要点】

套管的检修主要是检查套管各部件（包括升高座及二次接线盒）有无密封不良，油位是否正常，导电部分有无过热，外绝缘瓷套有无破损或严重脏污以及末屏是否存在接地不可靠等，并针对以上问题进行针对性处理。同时通过试验判断套管内部是否存在异常，并根据试验结果决定下一步检修方案。

》【技能要领】

油纸电容式套管的检修工艺和质量标准内容如下：

（1）检查和清扫瓷套外表和导电管内壁，检查套管的油位；套管外表和导电管内壁应清洁，油位正常，无渗漏油、无裂纹、破损及放电痕迹。

（2）更换升高座法兰上的密封胶垫，更换套管上放油塞、放气塞等可调换的密封胶垫；密封胶垫压缩量："O"形为 1/2，条形为 1/3。密封良好，无渗漏。

（3）检查均压球的紧固状况和小套管的连接情况；均压球应与导电管连接紧固，小套管与套管末屏连接可靠，试验结束后应恢复接地。

（4）对套管进行绝缘电阻、介质损耗试验，必要时取油样试验；绝缘电阻值、介质损耗值合格，油试验合格。

（5）回装时穿缆式的套管引线不能硬拉，引线锥形部分进入均压球内，对各密封面重新密封；引线锥形部分应圆滑地进入均压球，确保引线绝缘和引线的完好，引线与导电管同心，密封面密封良好。

通常 20kV 及以下采用纯瓷绝缘套管，简称瓷套。而 60kV 以上由于对设备绝缘要求更高，因此采用绝缘性能更好的电容式绝缘套管，如图 3-9、图 3-10 所示。

图 3-9　纯瓷绝缘套管

图 3-10　硅橡胶外套电容式绝缘套管

【典型案例】

一、案例描述

主变压器 220kV 套管顶部渗油。

二、过程分析

现场渗油的状态如图 3-11 所示，检修人员怀疑的渗油点有两个，一是套管油位计观察窗处渗油，二是套管顶部的取油样口渗油，如图 3-12 所示。

图 3-11　套管头部渗油

图 3-12　套管头部渗油点

现场打开上部的取油样口，发现没有密封圈，如图 3-13 所示。同时，现场对套管油位计进行了拆除，如图 3-14 所示。对油位计内部的密封圈进行了更换，如图 3-15 所示。

对油位计的密封圈进行更换后，对套管进行注油，同时进行整体试漏，如图 3-16 所示。

现场拆除后该密封圈丢失，对其进行了补装

图 3-13 套管头部渗油点

同时，现场对套管油位计进行了拆除

图 3-14 拆除套管油位计

对油位计内部的密封圈进行了更换

图 3-15 更换油位计内部的密封圈

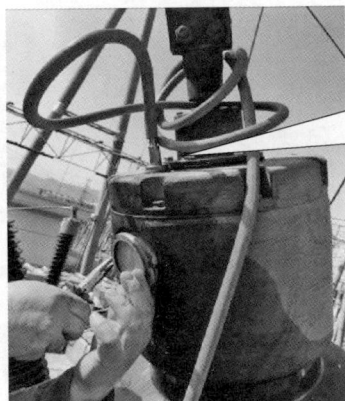

在对油位计的密封圈进行更换，套管注油后，工作人员对其进行了冲氮试漏（0.1MPa）了20min，确保无渗漏点

图 3-16 整体试漏

该缺陷是由于套管顶部取油样处无密封圈。随着天气变动，气温变化导致在热胀冷缩作用下，油位发生变化，从放气塞上部喷出油。

三、结论建议

（1）加强对套管的关注力度，保证套管的油位处于正常的状态，一旦发现油位异常，应进行持续跟踪。

（2）建议在检修的时候对年限较长或发生老化的密封圈进行更换。

任务六　冷却装置检修

≫【任务描述】

本任务主要讲解冷却装置的检修要点。通过装置检修要点的介绍，熟悉冷却装置的质量标准，掌握其检查方法和检修工艺。

≫【知识要点】

冷却装置的检修主要是检查其密封情况、油泵和风扇的工作状况，并进行针对性的处理，对冷却装置进行清扫，检查冷却装置的阀门是否全部开启等。蝶阀的关闭状态和开启状态分别如图 3-17 和图 3-18 所示。

图 3-17　蝶阀（关闭状态）　　　　图 3-18　蝶阀（开启状态）

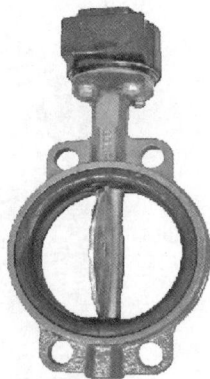

>>【技能要领】

一、冷却装置的检修工艺和质量标准

1. 散热器检修

（1）散热器拆卸后，应用盖板将蝶阀封住。

（2）检查无渗漏点，片式散热器边缘不允许有开裂。

（3）放气塞子透气性和密封性应良好，更换密封圈时应使密封圈入槽。

（4）用盖板将接头法兰密封，加油压进行试漏，试漏标准：片式散热器，正压 0.05MPa、时间 2h；管状散热器，正压 0.1MPa、时间 2h。

（5）散热片各密封部位应无渗油，重点检查放油螺钉渗油情况，如图 3-19 和图 3-20 所示。

图 3-19 自冷式散热片

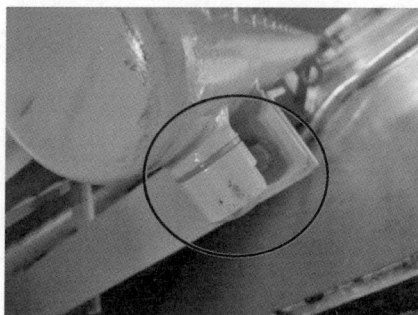

图 3-20 散热片放油螺钉（易渗油部位）

（6）检查蝶阀应完好，安装方向、操作杆位置应统一，开闭指示标志应清晰、正确。

（7）吊装时确保密封面平行和同心，密封胶垫放置位置准确，密封垫压缩量为 1/3（胶棒压缩 1/2）。

（8）调试时先打开下蝶阀开启至 1/3 或 1/2 位置，待顶部排气塞冒油后旋紧，再打开上蝶阀，最终确认上、下蝶阀均处于开启位置。

（9）风机的调试应运行 5min 以上。转动方向正确，运转应平稳、灵

活，无异常噪声，三相电流基本平衡。

（10）拆装前后应确认蝶阀位置正确。

2. 强油循环冷却装置检修

（1）上、下油室内部应清洁。冷却管应无堵塞现象。

（2）放油塞透气性、密封性应良好，更换密封圈并入槽，不渗漏。

（3）检查蝶阀和连管的法兰密封面应平整无划痕，无锈蚀，无漆膜；连接法兰的密封面应平行和同心，密封垫均匀压缩1/3（胶棒压缩1/2）。

（4）调试时先打开下蝶阀开启至1/3或1/2位置，待顶部排气塞冒油后旋紧，再打开上蝶阀，最终确认上、下蝶阀均处于开启位置，限位良好。

（5）整组冷却器调试检查转动方向正确，运转平稳，无异声，各部密封良好，不渗油，无负压，油泵和风机负载电流分别无明显差异。

（6）油流继电器的指针指示正确、无抖动，微动开关信号切换正确稳定，接线盒盖应密封良好。

（7）进行冷却装置联动试验：主供、备供电源投切正常；在冷却器故障状态下备用冷却器应能正确启动；依次开启所有油泵，延时间隔应在30s以上，不应出现气体继电器和压力释放阀的误动。

（8）拆装前后应确认蝶阀位置正确。冷却器拆除后各封口应封闭良好。

二、冷却装置控制箱的检修工艺和质量标准

（1）控制箱内清洁、无杂物，加热驱潮装置应正常。

（2）检查电源开关、电源监视继电器、接触器和热继电器应完好无烧损，接线牢固可靠。

（3）检查切换开关外观完好，接线牢固可靠，手动切换同时用万用表检查切换开关动作和接触情况。

（4）各部端子板和连接螺栓应无松动或缺失。

（5）控制箱门密封衬垫应完好，必要时更换门密封衬垫，检查电缆入口，封堵应完好。

>> 【典型案例】

一、案例描述

主变压器冷却系统散热风机全停。

二、原因分析

该主变压器冷却装置采用 PLC 集成自动化控制系统，通过程序目标值设定实现风机的条件启动。现场发现，风机全停的问题源于冷却系统控制回路上的电源监视器整定值没有在规定范围内。该电源监视器是用来监视主回路上的电压数值，如果实际电压数值不在整定范围内，将启动保护，断开风机回路的电源总空开。自动控制装置内部电源监视器如图 3-21 所示。

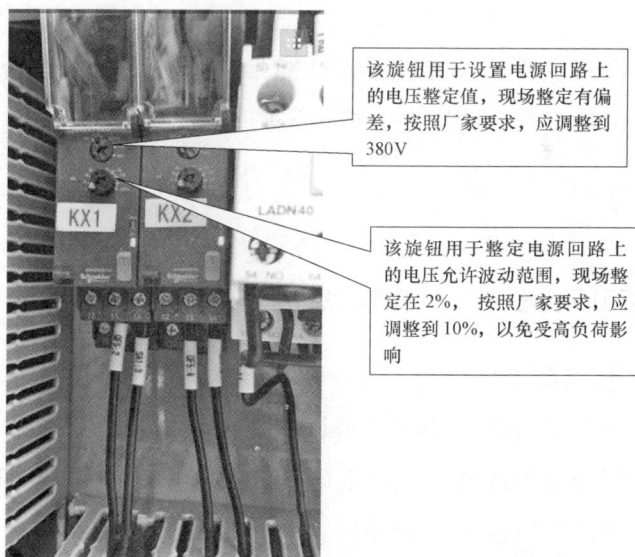

该旋钮用于设置电源回路上的电压整定值，现场整定有偏差，按照厂家要求，应调整到 380V

该旋钮用于整定电源回路上的电压允许波动范围，现场整定在 2%，按照厂家要求，应调整到 10%，以免受高负荷影响

图 3-21　自动控制装置内部电源监视器

夏天负荷较大，风机全部启动后，会导致电压波动，由于之前的整定不正确，波动超出范围，导致总空开断开，从而使得全部风机失去电源。

三、防控措施

目前采用新型冷却装置控制系统的变电站日益增多，需要结合厂家实际，熟悉装置内部的原理，掌握各个部件的消缺方法，同时储备充足的常用备品。

任务七　储油柜检修

≫【任务描述】

本任务主要讲解储油柜的检修要点。通过储油柜检修要点的介绍，熟悉储油柜的质量标准，掌握其检查方法和检修工艺。

≫【知识要点】

储油柜的检修主要是检查其密封性能是否良好，内部是否清洁，胶囊有无破裂，油位是否符合要求，并按规定调整油位。

≫【技能要领】

一、储油柜的检修工艺和质量标准

1. 胶囊式储油柜检修

（1）更换所有连接管道的法兰密封垫。

（2）拆除管道前关闭连通气体继电器的蝶阀，拆除后应及时密封。

（3）起吊储油柜时注意吊装环境。

（4）放出储油柜内的存油，取出胶囊，清扫储油柜，储油柜内部应清洁，无锈蚀和水分。

（5）排除集污盒内污油。

（6）储油柜内有小胶囊时，应排净小胶囊内的空气，检查玻璃管、小

胶囊、红色浮标应完好。

（7）若变压器有安全气道则应和储油柜间互相连通。

（8）胶囊应无老化开裂现象，密封性能良好。

（9）胶囊在安装前应在现场进行密封试验，如发现有泄漏现象，需对胶囊进行更换。

（10）清洁胶囊，将胶囊挂在挂钩上，保证胶囊悬挂在储油柜内，防止胶囊堵塞各联管口。

（11）集污盒、塞子整体密封良好无渗漏，耐受油压 0.05MPa、6h 无渗漏。

（12）保持连接法兰的平行和同心，密封垫压缩量为 1/3（胶棒压缩 1/2）。

（13）管式油位计复装时应注入 3～4 倍玻璃管容积的合格绝缘油，排尽小胶囊中的气体。

（14）指针式油位计复装时应根据伸缩连杆的实际安装结点，用手动模拟连杆的摆动观察指针的指示位置应正确，然后固定安装结点。

（15）胶囊密封式储油柜注油时，打开顶部放气塞，直至冒油立即旋紧放气塞，再调整油位，以防止出现假油位。

（16）拆装前后应确认蝶阀位置正确。

2. 隔膜式储油柜检修

（1）用吊车和吊具吊住储油柜，拆除储油柜固定螺栓，吊下储油柜。

（2）更换所有与储油柜连接管路的法兰密封垫。

（3）清洗油污，清除锈蚀后应重新防腐处理。

（4）清扫上下节油箱内部。检查内壁应清洁，无毛刺、锈蚀和水分。

（5）管路畅通、无杂质、锈蚀和水分。

（6）隔膜无老化开裂、损坏现象，双重密封性能良好。

（7）储油柜复装时保持连接法兰的平行和同心，密封垫压缩量为 1/3（胶棒压缩 1/2），确保接口密封和畅通。

（8）密封试验：充油（气）进行密封试验，压力 0.023～0.03MPa，时间 12h。

（9）隔膜式储油柜注油后应排尽气体后塞紧放气塞。

（10）拆装前后应确认蝶阀位置正确。

3. 金属波纹储油柜检修

（1）应更换所有连接管道的法兰密封垫。

（2）用吊车和吊具吊住储油柜，拆除储油柜固定螺栓，吊下储油柜。

（3）通过观察金属隔膜膨胀情况，调整油位指示与油位曲线表温对应，确保指示清晰正确，无假油位现象。

（4）管道应清洁，管道内应畅通、无杂质、锈蚀和水分。保证接口密封和呼吸畅通。

（5）更换后在限定体积时压力 0.02～0.03MPa，时间 12h 应无渗漏（内油式不能充压）。

（6）储油柜复装时保持连接法兰的平行和同心，密封垫压缩量为 1/3（胶棒压缩 1/2），确保接口密封和畅通，储油柜本体和各管道固定牢固。

（7）打开放气塞，待排尽气体后关闭放气塞。

（8）按照油温、油位标准曲线调整油量。

（9）拆装前后应确认蝶阀位置正确。

（10）检查金属波纹移动滑道和滑轮完好无卡涩。

二、磁力式油位计的检修工艺和质量标准

（1）从储油柜上整体拆下磁力式油位计。

（2）检查传动机构是否灵活，有无卡轮、滑齿现象。

（3）检查主动磁铁、从动磁轭是否耦合和同步，指针是否与表盘刻度相符，否则应调节后紧固螺栓锁紧，以防松脱。

（4）检查限位报警装置动作是否正确，否则应调节凸轮或开关位置。

（5）更换密封胶垫进行复装。

（6）检查油位告警接点是否可靠动作，信号是否正确上传。

（7）对二次接线做好防水措施。

≫ 【典型案例】

一、案例描述

主变压器本体油位指示为零。

二、原因分析

初步推测有两个可能：一是油位计出现故障，二是油枕胶囊发生破裂。

为验证以上两个推测，检修人员打开油枕侧面的人孔盖板，厂家人员进入油枕内进行检查，打开前将气体继电器阀门关闭并对油枕进行排油。

内检时发现胶囊袋破裂，且开口较大。同时校验得出油位计能够正常动作，因此确定，油位指示为零的根本原因是胶囊破裂，如图 3-22 所示。

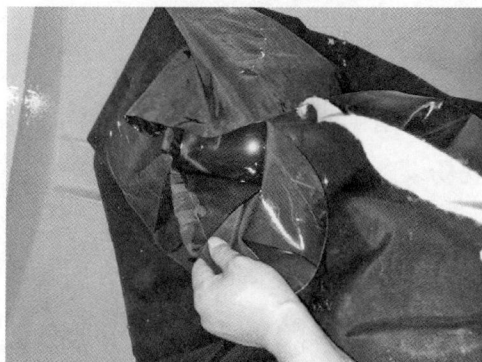

图 3-22　油枕内胶囊破裂

从图 3-22 中可以看出，胶囊破裂的位置处于胶囊袋上两块橡胶压接边缘。由于压接工艺的不到位以及运行过程当中油压对压接缝合薄弱处的影响，导致胶囊开裂。

三、防控措施

（1）拆除破裂胶囊，重新安装合格胶囊，并补充油位至合格位置。

（2）涉及主变压器更换、油枕胶囊更换等工作时，应对油枕胶囊外观进行仔细检查，尤其针对存放时间长的主变压器，不能放过任何老化开裂的迹象。

》【技术革新】

一、革新课题

通过加装油位计防雨罩，降低因油位计二次接线进水受潮导致油位异常误告警的概率。

二、背景描述

油位计是安装于油枕上，用于监视变压器的油面高度，来确保储油柜内的油量满足变压器正常工作需要的基本附件。油位计上设有微动开关，开关接点作用于信号，信号上传至监控，告知运行人员油位过低或过高，以便及时安排对主变压器进行补油或放油。

近年来，受长时间江南雨水天气的影响，许多的变压器开始发"油位异常"告警，然而现场设备实际油位正常。结合停电消缺发现，均为油位计二次接线进水受潮导致绝缘下降，从而引起了"误发信"。不仅如此，二次接线进水受潮还会导致直流系统接地。变电站直流系统被喻为变电站二次系统的心脏，一旦发生接地故障，严重影响二次系统的正常运行，其危害有：① 两点接地产生寄生回路，可能造成电源短路；② 两点接地产生寄生回路，可能造成继电器误动或拒动；③ 当直流系统对地电容增大到一定数值时，一点接地也有可能致使继电器误动。

因此有效做好油位计防雨措施，就能有效降低主变压器误告警和直流系统接地隐患的发生率。

三、技术攻关

1. 油位计防雨罩的研制

图 3-23 为油位计二次接线进水受潮情况，图中标注了易进水受潮点，

从图中可以分析出，可借鉴房子屋檐的原理，设计一个可以安于油位计的"屋檐"，使落下的雨水沿着檐流下，这样就可以有效保证雨水不进入油位计接线盒。图 3-24 为油位计防雨罩设计图。

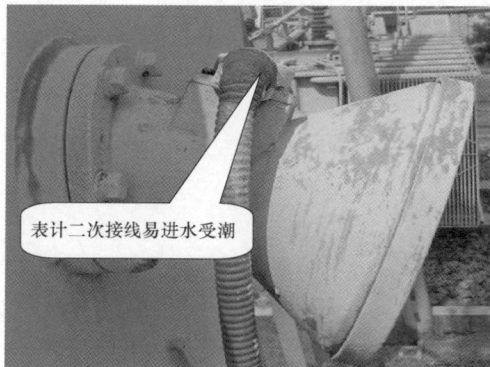

图 3-23　主变压器油位计实物图

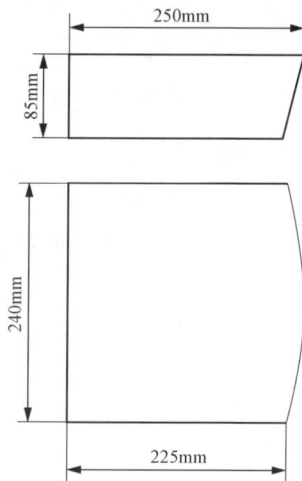

图 3-24　主变压器油位计防雨罩设计图

图 3-25 为油位计防雨罩安装实物。防雨罩固定方式采用不锈钢材质抱箍螺纹紧固，该装置需要具有防锈、具有一定强度，不影响油位计的功能，安装快捷方便，且适用于大多数类型的油位计结构。

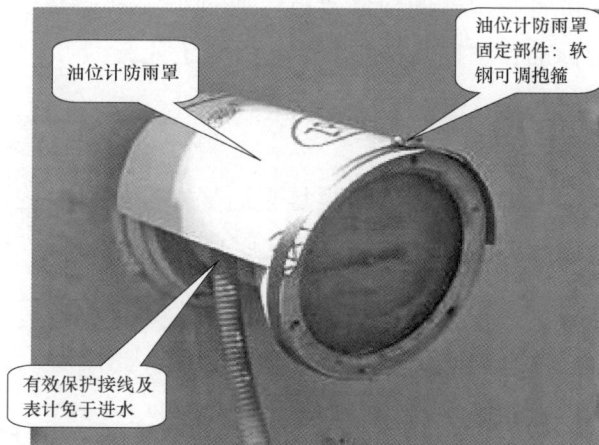

图 3-25　主变压器油位计防雨罩安装实物图

2. 安装方法

（1）办好安全工作手续，在设备不停电的情况下注意保持与带电设备足够安全距离。注意防高处坠落，必要时使用升降车。

（2）把软钢可调抱箍安装与油位计表面法兰处，暂不拧紧抱箍螺栓，留有 1mm 左右缝隙。

（3）防雨装置放入法兰与抱箍间缝隙中，若抱箍软带过长，则剪去多余的抱箍软带。

（4）拧紧抱箍螺栓。

（5）防雨装置要求平整、牢固。

安装油位计防雨罩

任务八　吸湿器检修

≫【任务描述】

本任务主要讲解吸湿器的检修要点。通过吸湿器检修要点的介绍，熟悉吸湿器的质量标准，掌握其检查方法和检修工艺。

≫【知识要点】

吸湿器的检修主要是检查其呼吸是否通畅，油杯以及内部变压器油是否清洁，硅胶瓶内部有无进水从而导致硅胶变色，并按要求更换相应部件。

≫【技能要领】

吸湿器的检修工艺和质量标准内容如下：

（1）更换吸湿器及硅胶前，应先将相应重瓦斯保护改投信号，工作结束后恢复。

（2）吸湿剂宜采用无钴变色硅胶，颗粒不小于 3mm 且经干燥。

（3）油杯应清洁完好。吸湿器油杯脏污如图 3-26 所示。

（4）吸湿剂的潮解变色不应超过 2/3，更换硅胶应保留 1/6～1/5 高度的空隙。吸湿器实体（硅胶变色）如图 3-27 所示。

硅胶由蓝色变为红色

图 3-26　吸湿器油杯脏污　　　　图 3-27　吸湿器实体（硅胶变色）

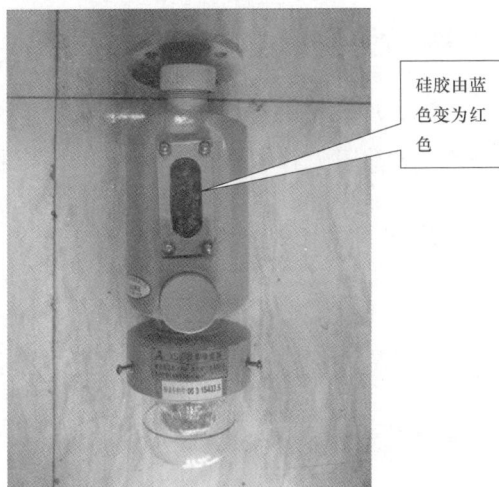

（5）更换密封垫，密封垫压缩量为 1/3（胶棒压缩 1/2）。

（6）油杯注入干净变压器油，加油至正常油位线，油面应高于呼吸管口。吸湿器油杯（标有油位线）如图 3-28 所示。

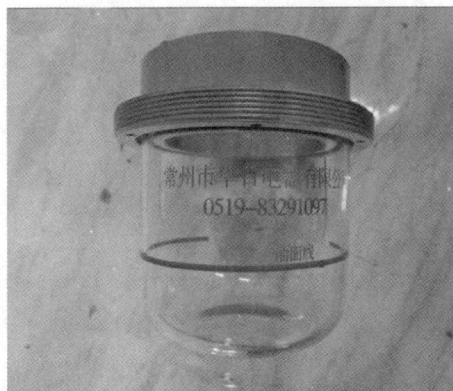

图 3-28　吸湿器油杯（标有油位线）

（7）新装吸湿器，应将内口密封垫拆除，并检查吸湿器呼吸是否畅通。

任务九　压力释放阀检修

》【任务描述】

本任务主要讲解压力释放阀的检修要点。通过压力释放阀检修要点的介绍，熟悉压力释放阀的质量标准，掌握其检查方法和检修工艺。

》【知识要点】

压力释放阀的检修主要是检查其密封性能是否良好，压力弹簧是否完好，有无锈蚀、松动、疲劳现象，并校验接点动作信号的正确性。

》【技能要领】

压力释放阀（实体见图 3-29）的检修工艺和质量标准内容如下：

（1）从变压器油箱上拆下压力释放阀；拆下零件妥善保管，孔洞用盖板封好。

（2）清扫护罩和导流罩；清除积尘，保持清洁。

图 3-29　压力释放阀实体

（3）检查各部连接螺栓及压力弹簧；各部连接螺栓及压力弹簧应完好、无锈蚀、无松动。

（4）进行动作试验；开启和关闭压力应符合规定。

（5）检查微动开关动作是否正确；触点接触良好，信号正确。

（6）更换密封胶垫；密封良好不渗油。

（7）升高座如无放气塞应增设；防止积聚气体因温度变化发生误动。

（8）检查信号电缆；应采用耐油电缆。

》【技术革新】

一、革新课题

通过加装压力释放阀防雨罩，降低因压力释放阀二次接线进水受潮导致装置误告警或误动作的概率。

二、背景描述

目前主变压器压力释放阀绝缘不良情况较多，110kV 主变压器压力释放阀作用于信号，部分 220kV 主变压器作用于跳闸。系统内曾经发生过由于压力释放阀接点进水受潮引起装置误动作进而跳主变压器开关的严重事故。

压力释放阀及油枕油位计电气回路绝缘不良的起因是一致的，都是由于装置上的微动开关接线盒密封不良及直接受到暴雨侵袭引起雨水进入引起电气回路绝缘不良。因此有效做好防雨措施，就能有效降低主变压器误告警和直流系统接地隐患的发生率。

三、技术攻关

1. 压力释放阀防雨罩的研制

图 3-30 为压力释放阀安装实物图，图中标注了易进水受潮点，从图中压力释放阀的结构及易进水点分析可得，借鉴房子屋檐的原理进行设计防雨罩是行不通的，需另外设计新方案。

通过多方面的素材搜集，设计了压力释放阀防雨罩，详见压力释放阀防雨罩外形设计图 3-31。

后期又根据压力释放阀及防雨罩结构设计了专用固定部件，除了固定防雨罩外，保证防雨罩的安装高度在 160mm 以上，既不影响压力释放阀指示器动作，也不影响变压器故障压力瞬间释放。图 3-32 为压力释放阀防雨罩安装实物图。

图 3-30　主变压器压力释放阀实物图

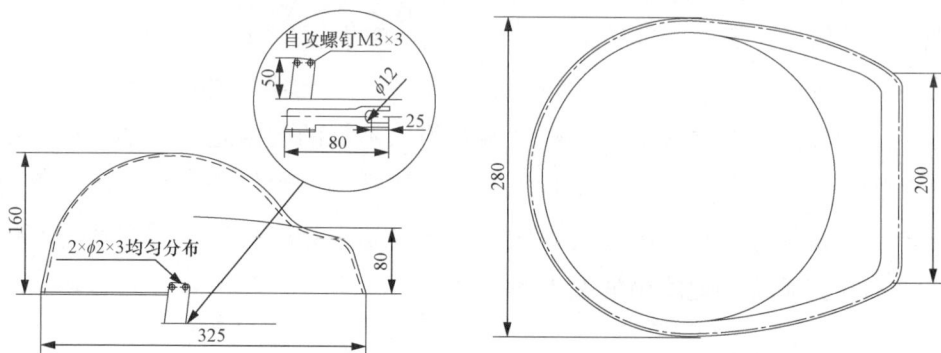

图 3-31　主变压器压力释放阀防雨罩设计图（单位：mm）

图 3-32　主变压器压力释放阀防雨罩安装实物图

2. 安装方法

（1）办好安全工作手续，注意防高处坠落，正确使用安全带。

（2）在压力释放阀安装法兰上预装均匀分布的 3 块支撑板。

（3）按压力释放阀外形放正防雨装置并安装，均匀紧固 M3 自攻螺栓。

（4）均匀紧固压力释放阀安装法兰上的 6 只 M12 螺栓，力矩（100±10％）N·m。

（5）防雨装置要求平整、牢固。

安装压力释放阀防雨罩

任务十　气体继电器检修

》【任务描述】

本任务主要讲解气体继电器的检修要点。通过气体继电器检修要点的介绍，熟悉气体继电器的质量标准，掌握其检查方法和检修工艺。

》【知识要点】

气体继电器的检修主要是检查其密封性能是否良好，有无渗油现象，继电器内部有无气体，轻、重瓦斯整定是否正确，并校验接点动作信号的正确性。

》【技能要领】

气体继电器的检修工艺和质量标准内容如下：

（1）将气体继电器拆下，检查容量器、玻璃窗、放气阀门、放油塞、接线端子盒、小套管等是否完整，接线端子及盖板上箭头标示是否清晰，各接合处是否渗漏油；继电器内充满变压器油，在常温下加压 0.15MPa，

99

持续 30min 无渗漏。

气体继电器实物图（配置了防雨罩）如图 3-33 所示。气体继电器接线盒内部如图 3-34 所示。

图 3-33 气体继电器实物图（配置了防雨罩）

图 3-34 气体继电器接线盒内部

（2）气体继电器密封检查合格后，用合格的变压器油冲洗干净；内部清洁、无杂质。

（3）气体继电器应由专业人员检验，动作可靠，绝缘、流速检验合格；流速符合要求。

（4）气体继电器连接管径应与继电器管径相同，其弯曲部分应大于 90°；管径符合要求。

（5）气体继电器先装两侧连管，连管与阀门、连管与油箱顶盖间连接螺栓暂不完全拧紧，此时将气体继电器安装于其间，用水平尺找准位置并使入出口连管和气体继电器三者处于同一中心位置，后再将螺栓拧紧；气体继电器应保持水平位置；连管朝储油柜方向应有 1%～1.5% 的升高坡度；连管法兰密封胶垫的内径应大于管道的内径；气体继电器至储油柜间的阀门应安装于靠近储油柜侧，阀的口径与管径相通，并有明显的开关标志。

（6）复装完毕后打开连管上的阀门，使储油柜与变压器本体油路连通，打开气体继电器的放气塞排气；气体继电器的安装，应使箭头指向储油柜。

（7）连接气体继电器的二次引线，并做传动试验；二次线采用耐油电缆，并防止漏水和受潮，气体继电器的轻、重瓦斯保护动作正确。

（8）集气盒是气体继电器（俗称瓦斯继电器）的一个附件，用很细的铜管和气体继电器连在一起。气体继电器安装在主导气管上，变压器内部如果有故障，会产生气体，气体会通过铜导管进入导集气盒。可以隔一段时间从集气盒内取气样进行色谱分析，通过气体组成来判断变压器的运行状况，是否有故障，是否需要检修。检修时应检查铜管是否通畅，否则集气盒将失去集气作用；同时集气盒密封要良好，否则会引起外界空气倒吸入气体继电器内部，引起气体继电器误动作。集气盒故障图如图 3-35 所示。

集气盒视窗破裂

图 3-35　集气盒故障图

任务十一　分接开关检修

【任务描述】

本任务主要讲解变压器分接开关的检修要点。通过分接开关检修要点的介绍，熟悉分接开关的质量标准，掌握其检查方法和检修工艺。

【知识要点】

一、有载分接开关的检修周期

（1）随变压器检修进行相应检修。

（2）运行中切换开关或选择开关油室绝缘油，每 6 个月至 1 年或分接变换 2000～4000 次，至少采样一次（如已加装有载在线净油装置）。

（3）分接开关新投运 1～2 年或分接变换 5000 次，切换开关或选择开关应吊芯检查一次。

（4）运行中分接开关累计分接变换次数达到所规定的检修周期分接变换次数限额后，应进行大修。一般分接变换 1 万～2 万次，或 3～5 年也应吊芯检查。

（5）运行中分接开关，每年结合变压器小修，操作 3 个循环分接变换。

二、有载分接开关大修（解体）项目

（1）分接开关芯体吊芯检查、维修、调试。

（2）分接开关油室的清洗、检漏与维修。

（3）驱动机构检查、清扫、加油与维修。

（4）储油柜及其附件的检查与维修。

（5）气体继电器、压力释放阀的检查。

（6）自动控制箱的检查。

（7）储油柜及油室中绝缘油的处理。

（8）电动机构及其他器件的检查、维修与调试。

（9）各部位密封检查，渗漏油处理。

（10）电气控制回路的检查、维修与调试。

（11）分接开关与电动机构的联结校验与调试。

≫【技能要领】

一、无励磁分接开关的检修工艺和质量标准

（1）应先将开关调整到极限位置，安装法兰应做定位标记，三相联动的传动机构拆卸前也应做定位标记。

（2）逐级手摇时检查定位螺栓应处在正确位置。

（3）极限位置的限位应准确有效。

（4）触头表面应光洁，无变色、镀层脱落及无损伤，弹簧无松动。触头接触压力均匀、接触严密。

（5）绝缘件、绝缘筒和支架应完好，无受潮、破损、剥离开裂或变形、放电，表面清洁无油垢。

（6）操作杆绝缘良好，无弯曲变形，拆下后，应做好防潮、防尘措施。

（7）绝缘操作杆 U 形拨叉应保持良好接触。

（8）复装时对准原标记，拆装前后指示位置必须一致，各相手柄及传动机构不得互换。

（9）密封垫圈入槽、位置正确，压缩均匀，法兰面啮合良好无渗漏油。

（10）调试最好在注油前和套管安装前进行，应逐级手动操作，操作灵活无卡滞，观察和通过测量确认定位正确、指示正确、限位正确。

（11）无励磁分接开关在改变分接位置后，必须测量使用分接位置的直流电阻和变比。

二、有载分接开关的检修工艺和质量标准

（1）检查分接开关各部件，包括切换开关或选择开关、分接选择器、转换选择器等无损坏与变形。

（2）检查分接开关各绝缘件，应无开裂、变形、爬电及受潮现象。

（3）检查分接开关各部位紧固件应良好紧固。

（4）检查分接开关的触头及其连线应完整无损、接触良好、连接牢固。触头接触电阻小于 $500\,\mu\Omega$，触头表面应保持光洁，无氧化变质、烧伤及镀层脱落，触头接触压力及行程符合要求，接触严密。检查铜编织线应无断股现象。

（5）检查过渡电阻有无断裂、松脱现象，并测量过渡电阻值，其值应符合要求。

（6）检查分接开关引线各部位绝缘距离。

（7）分接引线长度应适宜，以使分接开关不受拉力。

（8）检查分接开关与其储油柜之间阀门应开启。

（9）分接开关密封检查。在变压器本体及其储油柜注油的情况下，将分接开关油室中的绝缘油抽尽，检查油室内是否有渗漏油现象，最后进行整体密封检查，包括附件和所有管道，均应无渗漏油现象。

（10）清洁分接开关油室与芯体，注入符合标准的绝缘油，储油柜油位应与环境温度相适应。

（11）在变压器抽真空时，应将分接开关油室与变压器本体连通，分接开关做真空注油时，必须将变压器本体与分接开关油室同时抽真空。

（12）检查电动机构，包括驱动机构、电动机传动齿轮、控制机构等应固定牢固，操作灵活，连接位置正确，无卡涩现象。转动部分应注入符合制造厂规定的润滑脂。刹车皮上无油迹，刹车可靠。电动机构箱内清洁、无脏污，密封性能符合防潮、防尘、防小动物的要求。

（13）分接开关和电动机构的联结必须做联结校验。切换开关动作切换瞬间到电动机构动作结束之间的圈数，要求两个旋转方向的动作圈数符合产品说明书要求。联结校验合格后，必须先手摇操作一个循环，然后电动操作。

（14）检查分接开关本体工作位置和电动机构指示位置应一致。

（15）气体继电器动作的油流速度应符合制造厂要求，并应校验合格。其跳闸触点应接变压器跳闸回路。

（16）手摇操作检查。手摇操作一个循环，检查传动机构是否灵活，电动机构箱中的连锁开关、极限开关、顺序开关等动作是否正确；极限位置的机械制动及手摇与电动闭锁是否可靠；水平轴与垂直轴安装是否正确；检查分接开关和电动机构联结的正确性；正向操作和反向操作时，两者转动角度与手摇转动圈数是否符合产品说明书要求，电动机构和分接开关每个分接变换位置及分接变换指示灯的显示是否一致，计数器动作是否正确。

（17）电动操作检查。先将分接开关手摇操作置于中间分接位置，接入操作电源，然后进行电动操作，判别电源相序及电动机构转向。若电动机构转向与分接开关规定的转向不相符合，应及时纠正，然后逐级分接变换一个循环，检查启动按钮、紧急停车按钮、电气极限闭锁动作、手摇操作电动闭锁、远方控制操作均应准确可靠。每个分接变换的远方位置指示、电动机构分接位置显示与分接开关分接位置指示均应一致，动作计数器动作正确。

≫【典型案例】

一、案例描述

主变压器有载开关油位偏低。

二、原因分析

1. 勘查情况

缺陷勘查发现，如图 3-36 所示齿轮盒上有油渗出并布满有载开关顶盖，油滴以每分钟 5 滴左右的速度滴下，根据变压器有载开关的结构可知，正常情况下的齿轮盒内没有油，故判断为有载开关到齿轮盒之间的轴封密封不严，使有载开关内的油渗到了齿轮盒内，并通过齿轮盒渗到外界。

渗油点，有载开关内油通过轴封渗到上部的齿轮盒

图 3-36　有载分接开关渗油勘查情况

2. 解体分析情况

取下有载开关大盖，打开齿轮盒后发现，齿轮盒内存在大量液体状油迹，正常情况下，厂家出厂的齿轮盒内涂抹的为固体状黄油，故判断为有

载开关内变压器从油封处渗透出来的有载开关变压器油，导致其部分进入齿轮盒内，另外大部分渗透到有载开关外边，故表面看似有载开关大盖上到处为渗油痕迹。据此可确定渗油处为齿轮盒内油封处。有载分接开关齿轮盒内部如图 3-37 所示。

图 3-37　有载分接开关齿轮盒内部

由于转移大盖时齿轮盒内油已外流，故图 3-38 中已无法直观看到存在的大量变压器油，但从图中遗留的液态油痕迹可看出，油从有载开关齿轮盒的中心轴的油封处渗漏出来，进入到齿轮盒内。

油从该油封处渗漏出来

齿轮盒内存有大量变压器油的痕迹

图 3-38　齿轮盒内部情况

　　取出原先油封，可明显看出油封已老化严重，无可靠密封效果，导致油从有载开关内渗漏出来。该有载开关为 1994 年出厂，1995 年投运，运行时间已超 20 年，长时间运行后，齿轮中心轴处油封密封圈老化严重，导致密封不良，最后导致有载开关渗油，这是引起故障的根本原因。图 3-39、图 3-40 分别为油封拆除过程及密封圈特写。

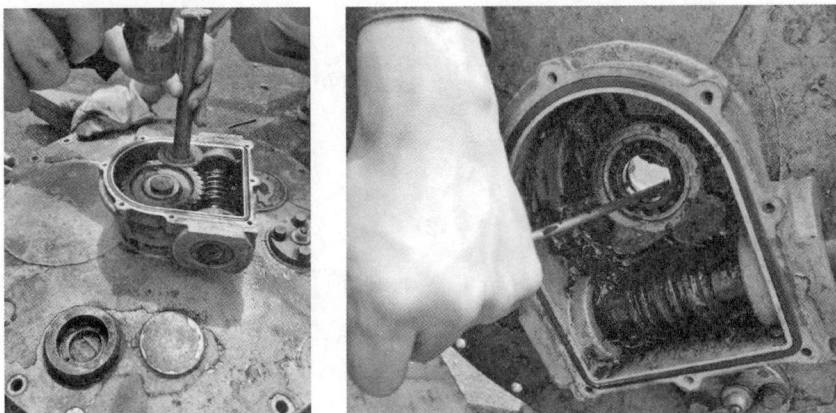

图 3-39　油封拆除过程

图 3-40　拆除下来的油封密封圈

三、防控措施

（1）更换新的密封圈，为确保良好密封效果，由原先的两层密封圈增加至三层。

（2）对运行年份较为久远的有载开关，在停电检修时应进行必要的维保工作，更换重要部位的密封件。

任务十二　有载在线净油装置检修

▶【任务描述】

本任务主要讲解有载在线净油装置的检修要点。通过装置检修要点的介绍，熟悉有载在线净油装置的质量标准，掌握其检查方法和检修工艺。

▶【知识要点】

有载在线净油装置的检修主要检查系统是否有渗漏、异常的运转声音，滤芯压力表指示是否正常。同时按厂家规定值定期更换滤芯。

▶【技能要领】

有载在线净油装置的检修工艺和质量标准内容如下：

（1）为确保设备的使用寿命和运行安全，在初次运行的一周内应每日检查一次，一周后应每月检查两次。主要检查系统是否有渗漏、异常的运转声音。有载在线净油装置常见故障点如图 3-41 所示。

（2）日常维护包括补油，取油样，滤芯更换。

（3）当压差报警装置报警时必须及时更换相应的滤芯。

注：如发现油含水量一直居高不下时，即使未报警，也应及时查明原因，排除故障，必要时更换除水滤芯。

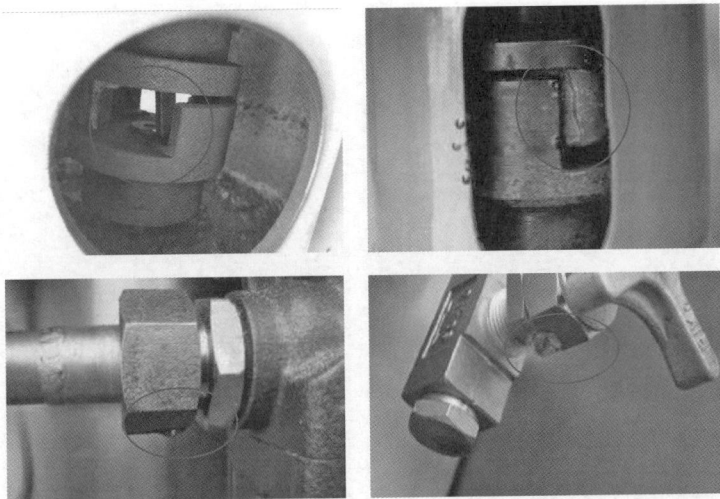

图 3-41　有载在线净油装置常见故障点

（4）取油样操作。打开设备控制箱，先切断滤油设备的电源，打开取样阀，按取样操作要求取样，取样结束后关闭阀，合上电源开关，关闭箱门。

（5）滤芯更换。切断滤油设备的电源，关闭切换油室进出油管的阀门，卸除有载在线净油装置箱壳，旋下滤芯。更换新密封圈，待换滤芯注满油后，旋上新滤芯。打开油室进出油阀，旋松放气溢油螺栓，逐个放气直至溢油。完成以上工作后，旋紧放气溢油螺栓，复装箱壳，恢复净油装置电源。

更换两种滤芯（滤水和除杂）的操作程序相同，但注意不要混淆。

≫【典型案例】

一、案例描述

主变压器有载在线净油装置渗油。

二、过程分析

现场检查发现，渗油部位为有载在线净油装置油管与电机接口处，如

图 3-42 所示。

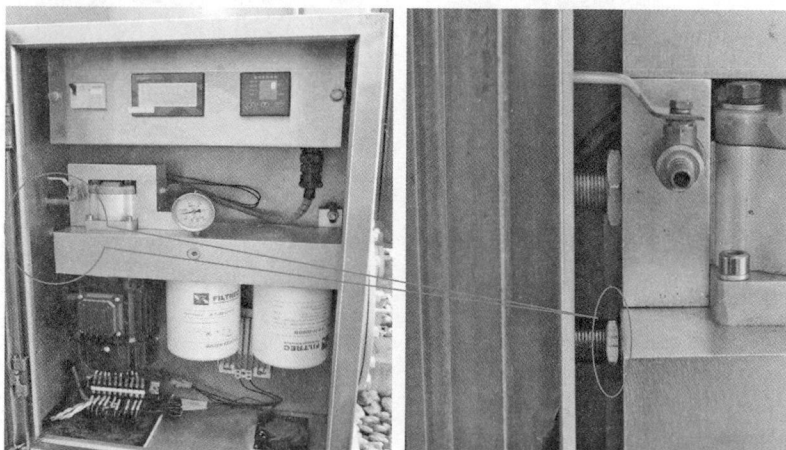

图 3-42　有载在线净油装置油管渗油

　　工作人员首先用扳手对螺纹加以紧固，发现螺钉已经紧固到底。因此，作业人员用 AB 胶对渗油处进行封堵，如图 3-43 所示，但由于渗油部位空间狭窄，光线较暗，经过多次封堵仍存在渗油现象（但渗油情况已有改善）。

一圈都用AB胶做了封堵，但由于空间狭窄，视线受阻等原因无法完全封堵，可能仍有部位未封堵到位

图 3-43　渗油临时处理方式

为彻底解决渗油问题，宜考虑将有载开关退出运行，利用厂家工具将净油装置进行彻底消缺。

此外，有载在线净油装置报"三相相序"不对缺陷，其故障原因是因为三相电源相序保护继电器故障导致误发信，更换继电器即可消除告警。装置相序故障信号指示如图 3-44 所示。

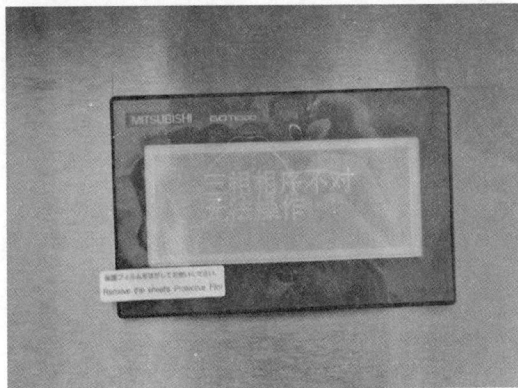

图 3-44　装置相序故障信号指示

三、结论建议

（1）有载在线净油装置厂家各异，各自产品的连接构造以及生产工艺参差不齐，需要收集各个厂家产品的缺陷情况，集中处理故障率最高的产品，并根据其特性制定相应维护方案。

（2）有载在线净油装置渗油缺陷往往源于管路接头的密封不良，然而装置内接头的紧固通常需要厂家提供专用工具。建议整理各个产品的结构数据，安排厂家提供或定制专用处理工具，以便日常维护。

项目四

变压器巡视

≫【项目描述】

本项目包含变压器巡视项目及巡视当中需要注意的问题。通过巡视内容的介绍，熟悉变压器巡视项目，掌握变压器精益化管理中对巡视工作的具体要求。

任务一 变压器巡视项目

≫【任务描述】

本任务主要讲解变压器巡视项目。通过巡视内容的介绍，熟悉变压器巡视项目，以便于在工作中更好地监视变压器运行情况，及时发现异常。

≫【知识要点】

变压器运行期间，按规定的巡视内容和巡视周期对其进行巡视，巡视内容还应包括设备技术文件特别提示的其他巡视要求。巡视情况应有书面或电子文档记录。在雷雨季节前，大风、降雨（雪、冰雹）、沙尘暴之后，应对变压器加强巡视；新投运的设备、对核心部件或主体进行解体性检修后重新投运的设备，宜加强巡视；日最高气温35℃以上或大负荷期间，宜加强红外测温。

≫【技能要领】

一、例行巡视

1. 本体及套管

（1）运行监控信号、灯光指示、运行数据等均应正常。

（2）各部位无渗油、漏油。

（3）套管油位正常，套管外部无破损裂纹、无严重油污、无放电痕迹，防污闪涂料无起皮、脱落等异常现象。

（4）套管末屏无异常声音，接地引线固定良好，套管均压环无开裂歪斜。

（5）变压器声响均匀、正常。

（6）引线接头、电缆应无发热迹象。

（7）外壳及箱沿应无异常发热，引线无散股、断股。

（8）变压器外壳、铁芯和夹件接地良好。

（9）35kV 及以下接头及引线绝缘护套良好。

2．分接开关

（1）分接挡位指示与监控系统一致。三相分体式变压器分接挡位三相应置于相同挡位，且与监控系统一致。

（2）机构箱电源指示正常，密封良好，加热、驱潮等装置运行正常。

（3）分接开关的油位、油色应正常。

（4）在线滤油装置工作方式设置正确，电源、压力表指示正常。

（5）在线滤油装置无渗漏油。

3．冷却系统

（1）各冷却器（散热器）的风扇、油泵、水泵运转正常，油流继电器工作正常。

（2）冷却系统及连接管道无渗漏油，特别注意冷却器潜油泵负压区出现渗漏油。

（3）冷却装置控制箱电源投切方式指示正常。

（4）水冷却器压差继电器、压力表、温度表、流量表的指示正常，指针无抖动现象。

（5）冷却塔外观完好，运行参数正常，各部件无锈蚀、管道无渗漏、阀门开启正确、电机运转正常。

4．非电量保护装置

（1）温度计外观完好、指示正常，表盘密封良好，无进水、凝露，温度指示正常。

（2）压力释放阀、安全气道及防爆膜应完好无损。

（3）气体继电器内应无气体。

（4）气体继电器、油流速动继电器、温度计防雨措施完好。

5. 储油柜

（1）本体及有载调压开关储油柜的油位应与制造厂提供的油温、油位曲线相对应。储油柜油位指示计如图 4-1 所示。

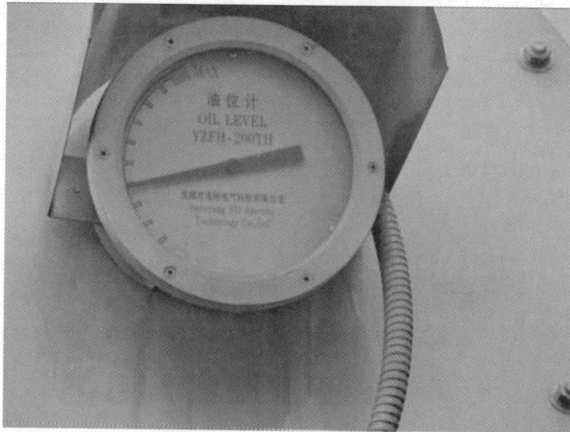

图 4-1　储油柜油位指示计

（2）本体及有载调压开关吸湿器呼吸正常，外观完好，吸湿剂符合要求，油封油位正常。当 2/3 干燥剂受潮（变红色，如图 4-2 所示）时应予更换；若干燥剂受潮速度异常，应检查密封，并取油样分析油中水分（仅对开放式）。

6. 其他

（1）各控制箱、端子箱和机构箱应密封良好，加热、驱潮等装置运行正常。

（2）变压器室通风设备应完好，温度正常。门窗、照明完好，房屋无漏水。

（3）电缆穿管端部封堵严密。

（4）各种标志应齐全明显。

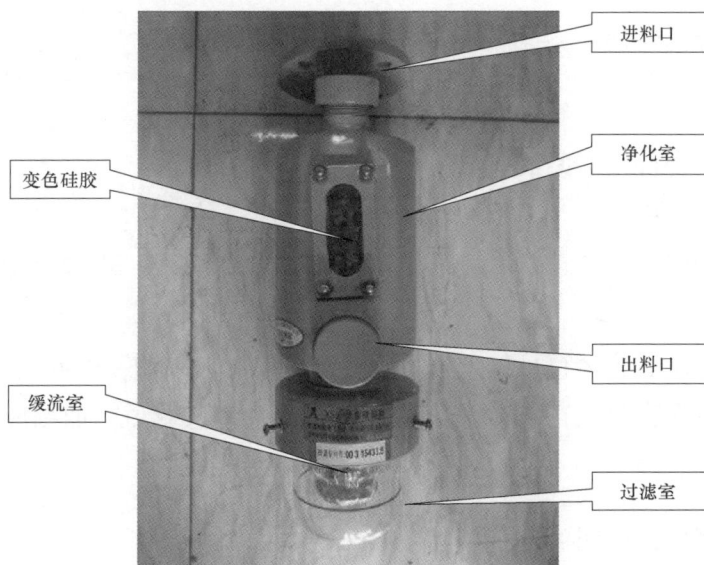

进料口

净化室

变色硅胶

出料口

缓流室

过滤室

图 4-2 吸湿器结构

(5) 原存在的设备缺陷是否有发展。

(6) 变压器导线、接头、母线上无异物。

二、全面巡视

全面巡视在例行巡视的基础上增加以下项目：

(1) 消防设施应齐全完好。

(2) 储油池和排油设施应保持良好状态。

(3) 各部位的接地应完好。

(4) 冷却系统各信号正确。

(5) 在线监测装置应保持良好状态。

(6) 抄录主变压器油温及油位。

三、熄灯巡视

(1) 引线、接头、套管末屏无放电、发红迹象。

(2) 套管无闪络、放电。

四、特殊巡视

（1）新投入或者经过大修的变压器巡视。

（2）各部件无渗漏油。

（3）声音应正常，无不均匀声响或放电声。

（4）油位变化应正常，应随温度的增加合理上升，并符合变压器的油温曲线。

（5）冷却装置运行良好，每一组冷却器温度应无明显差异。

（6）油温变化应正常，变压器（电抗器）带负载后，油温应符合厂家要求。

五、异常天气时的巡视

（1）气温骤变时，检查储油柜油位和瓷套管油位是否有明显变化，各侧连接引线是否受力，是否存在断股或者接头部位、部件发热现象。各密封部位、部件是否有渗漏油现象。

（2）浓雾、小雨、雾霾天气时，瓷套管有无沿表面闪络和放电，各接头部位、部件在小雨中不应有水蒸气上升现象。

（3）下雪天气时，应根据接头部位积雪溶化迹象检查是否发热。检查导引线积雪累积厚度情况，为了防止套管因积雪过多受力引发套管破裂和渗漏油等，应及时清除导引线上的积雪和形成的冰柱。

（4）高温天气时，应特别检查油温、油位、油色和冷却器运行是否正常。必要时，可以启动备用冷却器。

（5）大风、雷雨、冰雹天气过后，检查导引线摆动幅度及有无断股迹象，设备上有无飘落积存杂物，瓷套管有无放电痕迹及破裂现象。

（6）覆冰天气时，观察外绝缘的覆冰厚度及冰凌桥接程度，覆冰厚度不超 10mm，冰凌桥接长度不宜超过干弧距离的 1/3，放电不超过第二伞裙，不出现中部伞裙放电现象。

六、过载时的巡视

（1）定时检查并记录负载电流，检查并记录油温和油位的变化。

（2）检查变压器声音是否正常，接头是否发热，冷却装置投入数量是否足够。

（3）检查防爆膜、压力释放阀是否动作。

七、故障跳闸后的巡视

（1）检查现场一次设备（特别是保护范围内设备）有无着火、爆炸、喷油、放电痕迹、导线断线、短路、小动物爬入等情况。

（2）检查保护及自动装置（包括气体继电器和压力释放阀）的动作情况。

（3）检查各侧断路器运行状态（位置、压力、油位）。

八、变压器铁芯、夹件接地电流测试

（1）检测周期：750～1000kV 每月不少于一次；330～500kV 每三个月不少于一次；220kV 每 6 个月不少于一次；35～110kV 每年不少于一次。新安装及 A、B 类检修重新投运后 1 周内。

（2）严禁将变压器铁芯、夹件的接地点打开测试。

（3）在接地电流直接引下线段进行测试（历次测试位置应相对固定）。

（4）1000kV 变压器接地电流大于 300mA 应予注意，其他电压等级的变压器接地电流大于 100mA 时应予注意。

九、红外检测

（1）精确测温周期。1000kV：1 周，省评价中心 3 月；330～750kV：1 月；220 kV：3 月；110（66）kV：半年；35kV 及以下：1 年。新投运后 1 周内（但应超过 24 小时）。

（2）检测范围为变压器本体及附件。

（3）重点检测套管油位、储油柜油位、引线接头、套管及其末屏、电缆终端、二次回路。

（4）配置智能机器人巡检系统的变电站，可由智能机器人完成红外普测和精确测温，由专业人员进行复核。

》【典型案例】

一、案例描述

某 110kV 变电站主变压器本体吸湿器硅胶超过 2/3 变色，需要进行更换硅胶。

二、原因分析

硅胶变色属设备运行的正常现象。由于四季以及昼夜的温差变化，主变压器油枕的胶囊在不间断地进行着吸气排气的过程。为了延长胶囊寿命，因此在胶囊与大气之间设置呼吸器，利用硅胶来去除进气中的水分。通过硅胶变色，可以判断出硅胶寿命，并有依据地更换硅胶。

三、防控措施

当吸湿器硅胶变色超过 2/3 时，应及时更换硅胶，以免影响设备的正常监测。其更换流程如下。

1. 准备工作

向调度申请本体（有载）重瓦斯由跳闸改信号，即退出本体（有载）重瓦斯压板，并办理第二种工作票许可手续。同时该工作应选择晴好天气进行。

2. 吸湿器维护

（1）油杯拆除。油杯的固定是通过螺钉连接，拆卸时首先将三颗紧固螺钉拧松，再将油杯按逆时针方向拧下；然后对进气盘进行检查并清洗油垢，重点检查滤网是否拆除，该滤网长时间使用会积聚油垢，堵塞呼吸通道，如图 4-3 所示。

进气盘，新安装时注意内部有滤网

图 4-3　吸湿器油杯固定螺钉及进气盘

（2）油杯清洗及油封维护。当观察到油杯中变压器油变混沌时，需要及时更换油及吸附剂。其更换方法是：取下油杯，将油及吸附剂倒出，小心清洗油杯，然后倒入清洁干燥的油及吸附剂（加油时应以油杯上的油位线为准，如图 4-4 所示）。最后以顺时针方向将油杯装回，旋转到底后回转半圈，并将螺栓紧固。观察油位是否高于进气盘底边，如果是则进行下一步，否则调整油位。

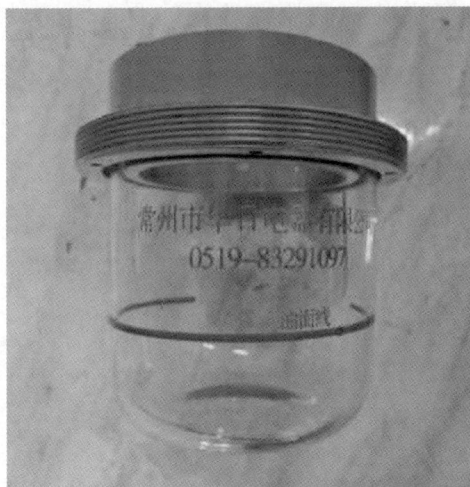

图 4-4　吸湿器油杯

（3）硅胶更换。将出料口密封盖拧开，吸湿剂由此排除（注意：开盖时先将装料袋对准出料口，以免开盖后吸湿剂散落）。再将出料口盖拧紧。装料时，拧开进料口密封盖，将干燥的吸湿剂填满后拧紧进料口密封盖。

3. 注意事项

（1）吸湿剂（硅胶）应进行筛选，颗粒直径不小于 3mm。

（2）硅胶不能充满吸湿器整个净化室，要距离顶部留出 1/6～1/5 高度的空隙。

（3）检查所有密封垫，应平整、完好、有弹性。

（4）用吸油纸清理干净更换后的吸湿器外部残留油，更换吸湿器下方的鹅卵石，以便检查有无渗漏油情况的存在。

（5）观察轻瓦斯继电器小窗应充满油。

任务二　变电精益化在变压器巡视中的常见问题

≫【任务描述】

随着变电精益化的推行，对变压器巡视也提出了更高的要求。因此，本任务主要讲解变电精益化对变压器巡视的要求，通过更加完善的巡视工作，及时发现和解决问题。

≫【知识要点】

通过规范设备的管理工作流程，加强基础管理工作，建立制度标准和措施，完善设备隐患排查治理机制，以提高设备管理水平。在精益化评价的基础上对有可能存在隐患或者缺陷的设备进行监测，制定合理的差异化运维策略，充分将带电检测和停电检测结合起来，突出变电设备检修的实效性和针对性，减少设备过修、失修现象，从而降低试验成本，提高设备运行的可靠性。

变电精益化在常规的变压器巡视的基础上提出了更高的要求。通过细化巡视工作内容和借鉴以往工作经验，编制了变电精益化变压器评价细则。该细则比原有的巡视工作规范更加全面，更具实用性（具体可参考《国网变电精益化评价细则-变压器分册》）。

≫【技能要点】

1. 变压器巡视精益化简介

变压器精益化巡视工作共分为 7 大块，包括主变压器本体、套管、分接开关、冷却系统、非电量保护及二次回路、在线监测装置、接地与消防。以下通过具体精益化巡视中发现的主要问题来了解精益化巡视的要求。

2. 本体问题

（1）铁芯夹件无标识或者标识不清晰。

【主要问题】铁芯夹件无标识、铁芯夹件标识不清楚。

【整改措施】铁芯夹件引出线（见图 4-5）应分别标识，标识清晰可辨识。

图 4-5　铁芯夹件引出线

（2）铁芯夹件支持瓷瓶断裂。

【主要问题】铁芯夹件支持瓷瓶个别断裂，如图 4-6 所示。

【整改措施】及时更换断裂支持瓷瓶。

图 4-6　铁芯引出线支持瓷瓶断裂

（3）出厂铭牌不清晰。

【主要问题】设备出厂铭牌不清晰，严重锈蚀，如图 4-7 所示。

【整改措施】应加强设备的运行维护，清理被遮盖的出厂铭牌。

图 4-7　设备出厂铭牌不清晰

（4）温度计问题。

【主要问题】油温表标识贴错、绕组温度低于油温、指针位置错误，如图 4-8 所示。

【整改措施】正确粘贴油温表标识，按照状态检修试验规程的周期要求对温度计进行校验。

（5）油温-油位曲线问题。

【主要问题】现场无油温-油位曲线牌，油温-油位曲线与温度表指示偏差较大，如图 4-9 所示。

图 4-8　温度计各类问题

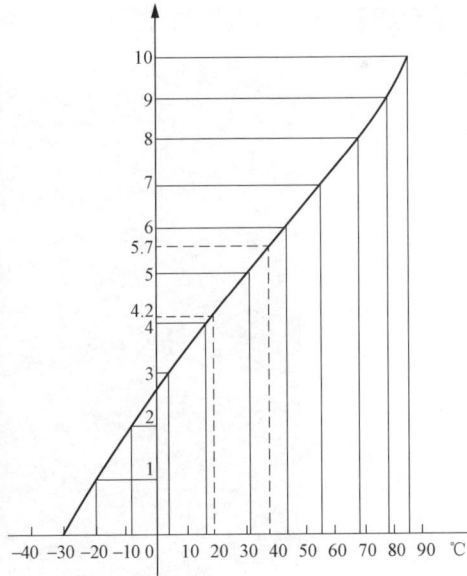

图 4-9　油温-油位曲线与温度表指示偏差较大

【整改措施】补全油温-油位曲线牌，加强变压器本体温度和油位监测，通过红外测温或软管测量等辅助方法判断是否存在假油位，在下次年度检修时根据油温-油位曲线进行油位调整。

（6）无防雨罩。

【主要问题】本体油位计无防雨罩，如图 4-10 所示。

图 4-10　油位计未加装防雨罩

【整改措施】为防止油位计进水，造成直流接地，应结合停电安装防雨罩。

（7）油流继电器进水受潮、指针卡涩。

【主要问题】油流继电器进水受潮、指针卡涩，如图 4-11 所示。

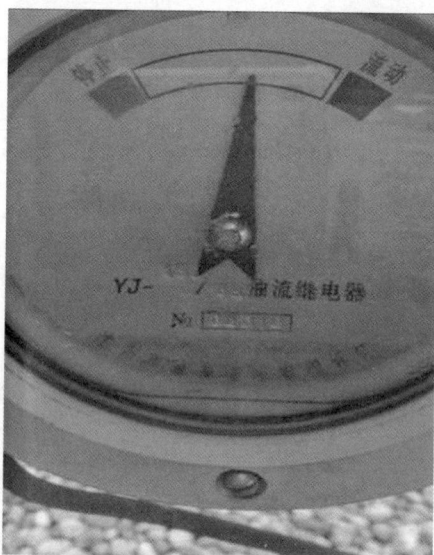

图 4-11　油流继电器指针卡涩

【**整改措施**】油流继电器进行检修、密封处理。

（8）吸湿器问题。

【**主要问题**】本体吸湿器硅胶变色超过 2/3，有粉化现象，未设置 2/3 标识，如图 4-12 所示。

图 4-12　吸湿器硅胶变色超过 2/3

【**整改措施**】检查吸湿器胶罐密封情况，及时更换变色硅胶，在硅胶瓶上设置 2/3 标识。

（9）吸湿器油杯渗油。

【**主要问题**】吸湿器油杯滴油，如图 4-13 所示。

图 4-13　吸湿器油杯滴油

【整改措施】检查吸湿器的密封性，及时发现渗油点。

（10）热缩套脱落或变形。

【主要问题】热缩套掉落在散热片、热缩套受热变形，如图 4-14 所示。

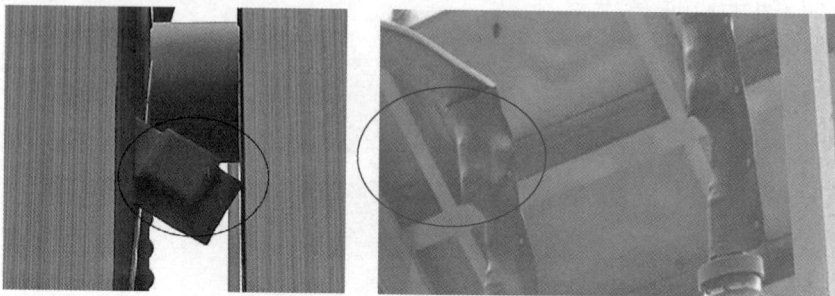

图 4-14　热缩套受热变形

【整改措施】加强红外监测，结合停电重新加装热缩套。

3. 套管问题

套管渗油或油位偏低。

【主要问题】套管油位偏低且渗油，如图 4-15 所示。

图 4-15　套管因渗油而油位偏低

【整改措施】加强巡视检查，及时发现渗油，停电处理。

4. 端子箱问题

（1）本体端子箱缺少驱潮或加热装置。

【主要问题】主变压器本体端子箱缺少驱潮或加热装置。

【整改措施】主变压器本体端子箱加装驱潮或加热装置。

（2）荧光灯管未装防护罩。

【主要问题】荧光灯管未装防护罩。

【整改措施】加装荧光灯管防护罩。

（3）箱门密封接地问题。

【主要问题】箱门密封条老化、未接地，如图 4-16 所示。

图 4-16　箱门密封条老化脱落

【整改措施】及时更换新的密封圈、正确接地。

5. 冷却系统问题

冷却装置问题：

【主要问题】缺少风机或油泵的轮换运行记录、风扇不能转动。

【整改措施】排查原因及时处理缺陷。

项目五

变压器试验

≫ 【项目描述】

本项目包含变压器试验项目的分类和各试验项目的功能。通过试验内容的介绍，熟悉变压器试验项目，掌握变压器各试验项目的判断依据以及适用场合。

任务一 变压器试验项目分类及功能

≫ 【任务描述】

本任务主要讲解变压器试验项目分类及其功能。通过分类及功能介绍，熟悉变压器有哪几类试验，分别有什么作用，以便于在工作中根据变压器故障类型，准确运用对应的试验项目对变压器进行诊断，及时发现变压器故障。

≫ 【知识要点】

变压器试验项目可分为绝缘试验和特性试验两类。

（1）绝缘试验。绝缘试验有绝缘电阻和吸收比试验、测量介质损耗因数、泄漏电流试验、工频耐压和感应耐压试验，对 220kV 及以上变压器应做局部放电试验。新变压器或大修后的变压器在正式投运前要进行空载合闸冲击试验。

（2）特性试验。特性试验有变比、接线组别、直流电阻、空载、短路、温升及突然短路试验。

≫ 【技能要领】

一、变压器绝缘试验功能

1. 绝缘电阻和吸收比试验

绝缘电阻试验是对变压器主绝缘性能的试验，主要诊断变压器由于机械、电场、温度、化学等作用及潮湿污秽等影响程度，能灵敏反映变压器绝缘整体受潮、整体劣化和绝缘贯穿性缺陷。

对同一绝缘材料来说：受潮或有缺陷时的吸收曲线也会发生变化，这样就可以根据吸收曲线来判定绝缘的好坏，通常用绝缘电阻表在 15s 与 60s 的绝缘电阻的比值来进行（这就是吸收比，用 K 值来表示）。因为绝缘介质受潮程度增加时，漏导电流的增加比吸收电流起始值增加多得多，表现在绝缘电阻上就是：绝缘电阻表在 15s 与 60s 的绝缘电阻基本相等，所以 K 值就接近于 1；当绝缘介质干燥时，由于漏导电流小，电流吸收相对大，所以 K 值就大于 1。根据试验经验：当 K 值大于 1.3 时，绝缘介质为干燥，这样通过测量绝缘介质的吸收比，可以很好地判定绝缘介质是否受潮，同时 K 为一个比值，它消除了绝缘结构几何尺寸的影响，而且它为同一温度下测得的数值，无须经过温度换算，对比较测量结果很方便。

2. 测量介质损耗因数

油纸绝缘是有损耗的，在交流电压作用下有极化损耗和电导损耗，通常用 $\tan\delta$ 来描述介质损耗的大小，且 $\tan\delta$ 与绝缘材料的形状、尺寸无关，只决定于绝缘材料的绝缘性能，所以 $\tan\delta$ 作为判断绝缘状态是否良好的重要手段之一。绝缘性能良好的变压器的 $\tan\delta$ 值一般较小，若变压器存在着绝缘缺陷，则可将变压器绝缘分为绝缘完好和具有绝缘缺陷两部分。当有绝缘缺陷部分的体积（电容量）占变压器总体积（电容量）的比例较大时，测量的 $\tan\delta$ 也较大，说明试验反映绝缘缺陷灵敏，反之不灵敏。所以 $\tan\delta$ 试验能较好地反映出分布性绝缘缺陷或缺陷部分体积较大的集中性绝缘缺陷。例如变压器整体受潮或绝缘老化、变压器油质劣化以及较大面积的绝缘受潮或老化等。由于套管的体积远小于变压器的体积，在进行变压器 $\tan\delta$ 试验时，即使套管存在明显的绝缘缺陷，也无法反映出来，所以套管需要单独进行 $\tan\delta$ 试验。

3. 泄漏电流试验

测量泄漏电流的作用与测量绝缘电阻相似，但由于试验电压高，测量仪表灵敏度高，相比之下更灵敏、更有效。能灵敏地反映瓷质绝缘的裂纹、夹层绝缘的内部受潮及局部松散断裂绝缘油劣化、绝缘的沿面炭化等。

4. 工频耐压试验

工频耐压试验是在高电压下鉴定绝缘强度的一种试验方法，它能反映出变压器部分主绝缘存在的局部缺陷。如绕组与铁芯夹紧件之间的主绝缘、同相不同电压等级绕组之间的主绝缘存在缺陷，引线对地电位金属件之间、不同电压等级引线之间的距离不够，套管绝缘不良等缺陷。而绕组纵绝缘（匝间、层间、饼间绝缘）缺陷、同电压等级不同相引线之间距离不够等，由于试验时这些部位处于同电位，所以无法反映出这些绝缘缺陷。另外，对分级绝缘的绕组，由于中性点的绝缘水平较低，绕组工频耐压试验的试验电压决定于中性点的绝缘水平，如 110kV 绕组的中性点绝缘水平为 35kV，试验电压为 72kV。这时更多是考核绕组中性点附近对地和中性点引出线对地的主绝缘。

5. 感应耐压试验

变压器工频耐压试验时，电压是加在被试绕组与非被试绕组及接地部位（油箱、铁芯等）之间，而被试绕组的所有出线端子是短接地，因此被试绕组各点电位相等，是对主绝缘进行了试验。但变压器相间主绝缘以及匝间、层间和饼间等纵绝缘却没有经受试验电压的考核。感应耐压试验时采用对变压器进行励磁，感应产生高电压，对工频耐压试验未能进行考核到的绝缘部分进行试验。对于全绝缘变压器，工频耐压试验只考核了主绝缘的电气强度，而纵绝缘则由感应耐压试验进行检验。对于分级绝缘变压器，工频耐压试验只考核了中性点的绝缘水平，而绕组的纵绝缘即匝间、层间和饼间绝缘以及绕组对地及对其他绕组和相间绝缘的电气强度仍需感应耐压试验进行考核。因此，感应耐压试验是考核变压器主绝缘和纵绝缘电气强度的重要手段。

6. 局部放电试验

局部放电是指在高压电器内部绝缘的局部位置发生的放电。这种放电只存在于绝缘的局部位置，而不会立即形成整个绝缘贯穿性的击穿或闪络。

高压电气设备的绝缘内部常存在着气隙。另外，变压器油中可能存在着微量的水分及杂质。在电场的作用下，杂质会形成小桥，泄漏电流的通过会使该处发热严重，促使水分汽化形成气泡；同时也会使该处的油发生裂解产生气体。绝缘内部存在的这些气隙（气泡），其介电常数比绝缘材料的介电常数要小，故气隙上承受的电场强度比邻近的绝缘材料上的电场强度要高，而气体的绝缘强度比绝缘材料低。这样，当外施电压达到某一数值时，绝缘内部所含气隙上的场强就会先达到使其击穿的程度，从而气隙先发生放电，这种绝缘内部气隙的放电就是一种局部放电。

还有绝缘结构中由于设计或制造上的原因，会使某些区域的电场过于集中。在此电场集中的地方，就可能使局部绝缘（如油隙或固体绝缘）击穿或沿固体绝缘表面放电。另外，产品内部金属接地部件之间、导电体之间电气联结不良，也会产生局部放电。

由此可知，如果高电压设备的绝缘在长期工作电压的作用下，产生了局部放电，并且局部放电不断发展，就会造成绝缘的老化和破坏，就会降低绝缘的使用寿命，从而影响电气设备的安全运行。为了高电压设备的安全运行，就必须对绝缘中的局部放电进行测量，并保证其在允许的范围内。

7. 空载合闸冲击试验

做空载合闸冲击试验的目的是：

（1）检查变压器及其回路的绝缘是否存在弱点或缺陷。拉开空载变压器时，有可能产生操作过电压。在电力系统中性点不接地或经消弧线圈接地时，过电压幅值可达 4～4.5 倍相电压；在中性点直接接地时，过电压幅值可达 3 倍相电压。为了检验变压器绝缘强度能否承受全电压或操作过电压的作用，故在变压器投入运行前，需做空载全电压冲击试验。若变压器及其回路有绝缘弱点，就会被操作过电压击穿而加以暴露。

（2）检查变压器差动保护是否误动。带电投入空载变压器时，会产生励磁涌流，其值可达 6～8 倍额定电流。励磁涌流开始衰减较快，一般经 0.5～1s 即可减至 0.25～0.5 倍额定电流，但全部衰减完毕时间较长，中小变压器约几秒，大型变压器可达 10～20s，故励磁涌流衰减初期，往往使差动保护误动，造成变压器不能投入。因此，空载冲击合闸时，在励磁涌流作用下，可对差动保护的接线、特性、定值进行实际检查，并做出该保护可否投入的评价和结论。

（3）考核变压器的机械强度。由于励磁涌流产生很大的电动力，为了考核变压器的机械强度，故需做空载冲击试验。全电压空载冲击试验次数，新产品投运前应连续做 5 次。每次冲击试验间隔不少于 5min，操作前应派人到现场对变压器进行监视，检查变压器有无异音异状，如有异常应立即停止操作。并且，变压器送电前，其保护应全部投入。

一般要求空载合闸五次，因为每次合闸瞬间电压的幅值都不一样，这样每次的励磁涌流也不同。所以一般要求空载合闸五次来全面地检测变压器的绝缘、机械强度以及差动保护的动作情况。

二、变压器特性试验功能

1. 变比试验

变压器在空载情况下，高压绕组的电压与低压绕组的电压之比称为变压比。三相变压器通常按线电压计算。变压器试验是在变压器一侧施加电压，用仪表或仪器测量另一侧电压，然后根据测量结果计算变压比。其目的：

（1）检查变比是否与铭牌值相符，以保证达到要求的电压变换。

（2）检查分接开关位置和分接引线的连接是否正确。

（3）检查各绕组的匝数比，可判断变压器是否存在匝间、层间及饼间短路。

（4）提供变压器实际的变压比，以判断变压器能否并列运行。

2. 接线组别试验

变压器的接线组别是变压器的重要技术参数之一。变压器并联运行时，必须组别相同，否则会造成变压器台与台之间的电压差，形成环流，甚至烧毁变压器。接线组别的试验方法有直流法、双电压法和变压比电桥法等。目前常用的是变压比电桥法，在测量变压比的同时，验证了绕组接线组别的正确性。

3. 直流电阻试验

直流电阻试验可以检查出绕组内部导线的焊接质量，引线与绕组的焊接质量，绕组所用导线的规格是否符合设计要求，分接开关、引线与套管等载流部分的接触是否良好，三相电阻是否平衡等。直流电阻试验的现场实测中，发现了诸如变压器接头松动，分接开关接触不良、挡位错误等许多缺陷，对保证变压器安全运行起到了重要作用。

4. 空载试验

变压器的空载试验一般从电压较低的绕组施加正弦波形、额定频率的额定电压，其他绕组开路的情况下测量其空载电流和空载损耗。其目的是检查磁路故障和电路故障，检查绕组是否存在匝间短路故障，检查铁芯叠片间的绝缘情况以及穿心螺杆和压板的绝缘情况等。当发生上述故障时，空载损耗和空载电流都会增大。

5. 短路试验

变压器的短路试验就是将变压器的一侧绕组短路，从另一端绕组（分接头在额定电压位置上）施加额定频率的交流试验电压，当变压器绕组内的电流为额定值时，测定所加电压和功率这一试验就称为变压器的短路试验。现场试验时，考虑到低压侧加电压因电流大，选择试验设备有困难，一般均将低压侧绕组短路，从高压侧绕组施加电压。调整电压使高压侧电流达到额定电流值时，记录此时的功率和电压值，即分别为短路阻抗电压值和短路损耗。

变压器的短路损耗包括电流在绕组电阻上产生的电阻损耗和磁通引起的各种附加损耗，它是变压器运行的重要经济指标之一。同时，阻抗电压是变压器并联运行的基本条件之一，通常用额定电压的百分数来表示。用百分数表示的阻抗电压和短路阻抗是完全相等的。

6. 温升试验

变压器的温升计算（或实际）值，是考核变压器技术性能的一个重要指标。它不仅关系到变压器的安全性、可靠性、使用寿命，也关系到变压器的制造成本。所以在变压器标准中，都有明确的规定。

不同绝缘等级的变压器，其线圈、铁芯、油的温升都有严格的规定。设计人员必须进行仔细的、反复的计算。在满足标准的前提下，尽可能降低材料成本。因此，也可以说，对变压器进行温升计算，就是在找一种平衡点。既满足变压器的寿命要求，又不浪费材料资源。

现在的计算都是一个平均值，由平均值来推算最热点的温度（较粗略），因为最热点的温度，才是影响变压器使用寿命的主要因素。

7. 突然短路试验

电力输电系统在运行中不可避免地会出现短路故障，这就要求电力变压器应具有一定的短路承受能力，而突然短路试验正是考核该能力的特殊项目，同时也是对变压器制造的综合技术能力和工艺水平的考核。利用试验中强短路电流产生的电动力检验变压器和各种导电部件的机械强度，考核变压器的动稳定性。因此，突然短路试验是保证变压器抗短路能力的一项十分重要的试验。

任务二　变压器油试验

▶【任务描述】

本任务主要讲解变压器油试验项目。通过试验内容介绍，熟悉变压器油试验项目，掌握各个油试验项目的作用，以便于在工作中根据变压器故障类型，准确运用对应的试验项目对变压器进行诊断，及时发现变压器内部故障。

▶【知识要点】

变压器油是变压器的重要组成部分，变压器大都安装在露天环境中，绝缘油（变压器油）受外界杂质和空气接触以及设备本身运行温度较高的影响，使油的质量逐渐变坏。变质后的绝缘油（变压器油）就不会起到应有的绝缘、冷却作用。为防止因油质变坏而致使的安全运行受到影响，应对正常运行的变压器定期采油样进行化验分析，并根据分析结果对油进行相应的处理。

常规检验项目包括：酸值、水溶性酸、闪点、击穿电压、外状。应注意的是：若设备经常带负荷比较高，应在规定试验周期的基础上，增加检验次数；若经检验的项目某些指标明显接近所控制的极限值时，也应增加检验次数；由于运行油的质量随老化程度和所含杂质等条件的不同变化很大，通常不能单凭一种试验项目作为评价油质状态的依据，应根据所测定的几项主要特征指标进行综合分析。

≫【技能要领】

变压器油试验功能如下：

（1）外观：检查运行油的外观，可以发现油中不溶性油泥、纤维和脏物存在。在常规试验中，应有此项目的记载。

（2）颜色：新变压器油一般是无色或淡黄色，运行中颜色会逐渐加深，但正常情况下这种变化趋势比较缓慢。若油品颜色急剧加深，则应调查设备是否有过负荷现象或过热情况出现。如其他有关特性试验项目均符合要求，可以继续运行，但应加强监视。

（3）水分：水分是影响变压器设备绝缘老化的重要原因之一。变压器油和绝缘材料中含水量增加，直接导致绝缘性能下降并会促使油老化，影响设备运行的可靠性和使用寿命。对水分进行严格的监督，是保证设备安全运行必不可少的一个试验项目。

（4）酸值：油中所含酸性产物会使油的导电性增高，降低油的绝缘性能，在运行温度较高时（如 80℃以上）还会促使固体纤维质绝缘材料老化和造成腐蚀，缩短设备使用寿命。由于油中酸值可反映出油质的老化情况，所以加强酸值的监督，对于采取正确的维护措施是很重要的。

（5）氧化安定性：变压器油的氧化安定性试验是评价其使用寿命的一种重要手段。由于国产油氧化安定性较好，且又添加了抗氧化剂，所以通常只对新油进行此项目试验，但对于进口油，特别是不含抗氧化剂的油，除对新油进行试验外，在运行若干年后也应进行此项试验，以便采取适当的维护措施，延长使用寿命。

（6）击穿电压：变压器油的击穿电压是检验变压器油耐受极限电应力情况，是一项非常重要的监督手段，通常情况下，它主要取决于被污染的程度，但当油中水分较高或含有杂质颗粒时，对击穿电压影响较大。

（7）介质损耗因数：介质损耗因数对判断变压器油的老化与污染程度是很敏感的。新油中所含极性杂质少，所以介质损耗因数也甚微小，一般仅有 0.01%～0.1% 数量级；但由于氧化或过热而引起油质老化时，或混入其他杂质时，所生成的极性杂质和带电胶体物质逐渐增多，介质损耗因数也就会随之增加，在油的老化产物甚微，用化学方法尚不能察觉时，介质损耗因数就已能明显地分辨出来。因此介质损耗因数的测定是变压器油检验监督的常用手段，具有特殊的意义。

（8）界面张力：油水之间界面张力的测定是检查油中含有因老化而产生的可溶性极性杂质的一种间接有效的方法。油在初期老化阶段，界面张力的变化是相当迅速的，到老化中期，其变化速度也就降低。而油泥生成则明显增加，因此，此方法也可对生成油泥的趋势做出可靠的判断。

（9）油泥：此法是检查运行油中尚处于溶解或胶体状态下在加入正庚烷时，可以从油中沉析出来的油泥沉积物。由于油泥在新油和老化油中的溶解度不同，当老化油中渗入新油时，油泥便会沉析出来，油泥的沉积将会影响设备的散热性能，同时还对固体绝缘材料和金属造成严重的腐蚀，导致绝缘性能下降，危害性较大，因此，以大于 5% 的比例混油时，必须进行油泥析出试验。

（10）闪点：闪点对运行油的监督是必不可少的项目。闪点降低表示油中有挥发性可燃气体产生；这些可燃气体往往是由于电气设备局部过热，电弧放电造成绝缘油在高温下热裂解而产生的。通过闪点的测定可以及时发现设备的故障。同时对新充入设备及检修处理后的变压器油来说，测定闪点也可防止或发现是否混入了轻质馏分的油品，从而保障设备的安全运行。

（11）油中气体组分含量：油中可燃气体一般都是由于设备的局部过热或放电分解而产生的。产生可燃气体的原因如不及时查明和消除，对设备的安全运行是十分危险的。因此采用气相色谱法测定油中气体组分，对于消除变压器的潜伏性故障是十分有效的。该项目是变压器油运行监督中一项必不可少的检测内容。

（12）水溶性酸：变压器油在氧化初级阶段一般易生成低分子有机酸，如甲酸、乙酸等，因为这些酸的水溶性较好，当油中水溶性酸含量增加（即 pH 值降低），油中又含有水时，会使固体绝缘材料和金属产生腐蚀，并降低电气设备的绝缘性能，缩短设备的使用寿命。

（13）凝点：根据我国的气候条件，变压器油是按低温性能划分牌号。如 10、25、45 三种牌号是指凝点分别为－10、－25、－45℃。所以对新油的验收以及不同牌号油的混用，凝点的测定是必要的。

（14）体积电阻率：变压器油的体积电阻率同介质损耗因数一样，可以判断变压器油的老化程度与污染程度。油中的水分、污染杂质和酸性产物均可影响电阻率的降低。

任务三　变压器大修试验

⟫【任务描述】

本任务主要讲解变压器大修试验项目。通过大修试验内容的介绍，熟悉变压器大修试验项目，掌握变压器大修流程各个阶段应做哪些试验，通过准确的试验，确保变压器大修质量。

⟫【知识要点】

变压器大修试验分类如下：

变压器大修通常分为大修前、大修中、大修后三个阶段进行，根据大修工作进度的开展，变压器试验也将随着工作进度进行相应的试验，确保工作前后设备的正常。

注：其他各类试验（如交接试验、例行试验等）参照 DL/T 596—1996《电力设备预防性试验规程》执行。

≫【技能要领】

一、变压器大修前试验

（1）测量绕组的绝缘电阻和吸收比或指化指数。

（2）测量绕组连同套管的泄漏电流。

（3）测量绕组连同套管的 tanδ。

（4）本体及套管中绝缘油的试验。

（5）测量绕组连同套管的直流电阻（所有分接头位置）。

（6）套管试验。

（7）测量铁芯对地绝缘电阻。

（8）必要时可增加其他试验项目（如特性试验、局部放电试验等）以供大修后进行比较。

二、变压器大修中试验

大修过程中应配合吊罩（或器身）检查，进行有关的试验项目。

（1）测量变压器铁芯对油箱、夹件、穿心螺栓（或拉带），钢压板及铁芯的电（磁）屏蔽之间的绝缘电阻。

（2）必要时测量无励磁分接开关动、静触头之间的接触电阻及其传动杆的绝缘电阻。

（3）必要时做套管电流互感器的特性试验。

（4）有载分接开关的测量与试验。

（5）必要时单独对套管进行额定电压下的 tanδ、局部放电和耐压试验（包括套管绝缘油）。

三、变压器大修后试验

（1）测量绕组的绝缘电阻和吸收比或指化指数。

（2）测量绕组连同套管的泄漏电流。

（3）测量绕组连同套管的 $\tan\delta$。

（4）冷却装置的检查和试验。

（5）本体、有载分接开关和套管中的变压器油试验。

（6）测量绕组连同套管的直流电阻（所有分接头位置）。

（7）检查有载调压装置的动作情况及顺序，并测量切换波形。

（8）测量铁芯（夹件）外引接地线对地绝缘电阻。

（9）总装后对变压器油箱和冷却器做整体密封油压试验。

（10）绕组连同套管的交流耐压（有条件时）。

（11）测量绕组所有分接头的变比及联结组别。

（12）检查相位。

（13）必要时进行变压器的空载特性试验、短路特性试验、绕组变形试验、局部放电试验。

（14）额定电压下的冲击合闸。

（15）空载试运行前后变压器油的色谱分析。

项目六

有载调压分
接开关机构
二次回路

【项目描述】

本项目包含有载调压分接开关机构二次回路原理及各组件功能。通过二次回路的介绍，熟悉开关机构内部电气回路原理，掌握各个元器件的功能，从而根据分接开关机构故障迅速找出故障点。

任务一　机构二次回路原理解析

【任务描述】

本任务主要讲解有载调压分接开关机构二次回路原理。通过原理的介绍，熟悉开关机构内部电气回路原理，以利于更好地排查分接开关机构故障。

【知识要点】

电动机构的电气工作原理取决于该电动机构所设计的电气线路图。电动机构二次线路通常包括电机回路（主回路）、控制回路、保护回路及指示回路等。CMA7 型电动机构电气原理如图 6-1 所示。

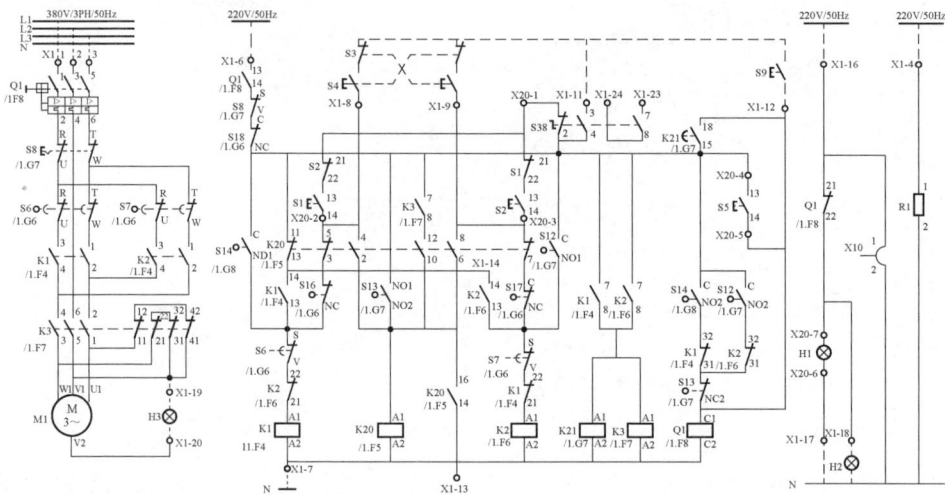

图 6-1　CMA7 型电动机构电气原理图

>> 【技能要领】

一、电机回路

电机回路原理如图 6-2 所示，电机端子 U、V、W 经接触器 K3，K1/K2，限位开关 S6/S7，手动保护 S8 和电机保护用空气开关 Q1 接到电源 L1、L2、L3 的端子 X1/1、2、3。

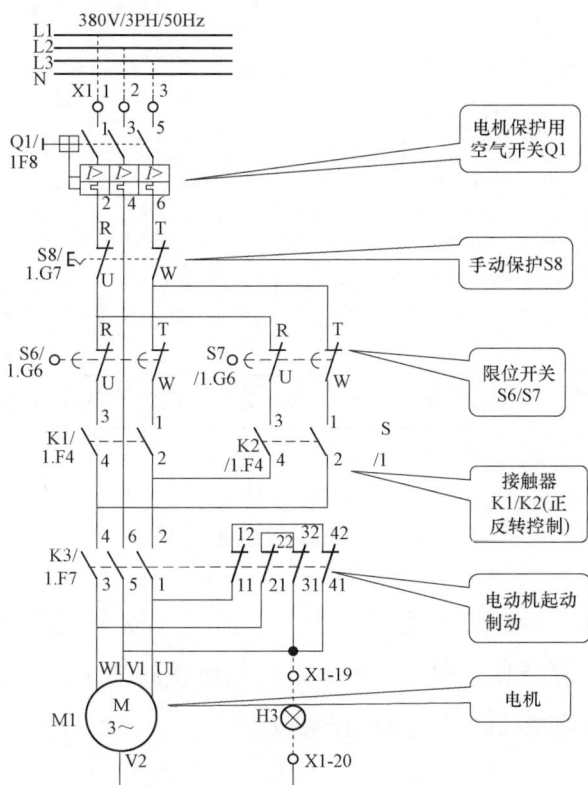

图 6-2　电机回路原理图

二、控制回路

控制回路原理如图 6-3 所示，控制回路经端子 X1/6、7 接至 L1 和 N，中间接入空气 Q1 开关和手动保护开关 S8、S18，所以 Q1 或 S8、S18 动作，控制电压即中断。空气 Q1 开关的跳闸回路与控制回路连锁。

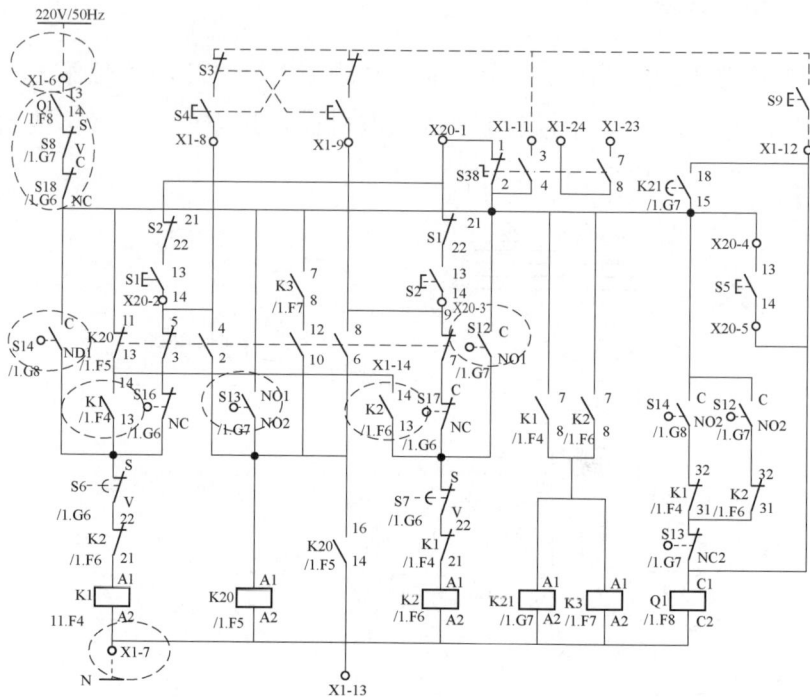

图 6-3　控制回路原理图

空气开关 Q1 带有跳闸线圈，可由按钮 S5 和安全电路激磁，安全电路的组成是凸轮开关 S12、S13 和 S14 以及电机接触器 K1、K2 的辅助触点，连动保护是时间继电器 K21 的常开触点。

三、跳闸显示回路及加热回路

跳闸显示及加热回路如图 6-4 所示，Q1 跳闸显示回路通过端子 X1/18 和 17 接至 Q1/22 和 N。信号灯 H1 安装在电动机构紧急跳闸按钮 S5 内。

加热器回路经端子 X1/4 和 5 接至电源 L1 和 N，加热电阻 R1 长期接至电源上。

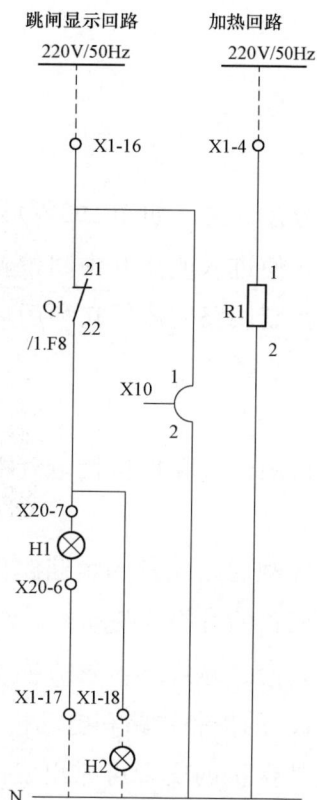

图 6-4 跳闸显示及加热回路

任务二 回路分析的具体应用

> ## 【任务描述】

本任务主要讲解有载分接开关机构二次回路分析的具体应用。通过具体应用的阐述，熟悉开关机构内部重要电气回路的功能，掌握分析、判断并处理二次回路故障的能力。

≫ 【知识要点】

一、控制性能

1. 超越中间位置

对于三个中间位置的分接开关（如 10193W），在超越中间位置时，要求电动机构备有超越接点，使进入或离开中间位置时，电动机构自动再操作一次。这一要求由超越控制回路完成，它利用远方位置信号发送器上的接点来实现。

2. 安全保护

（1）极限位置保护。极限位置保护包括电气极限位置保护和机械极限位置保护两种。

电气极限位置保护分控制回路保护和主回路保护两种，当电动机构即将到达极限位置时，控制回路的行程开关动作，使接触器 K1 或 K2 不能通电激励。若行程开关失灵，向超越终端位置方向继续运转时，极限位置行程开关动作，断开 K1 或 K2 的控制线路和电动机主回路，电动机停转。

机械极限位置保护是从保护的安全可靠出发而设置的。CMA7 型电动机构就设置机械离合器的极限位置保护方式。它采用釜底抽薪方式，在达到极限位置后，离合器自动脱开，马达虽转，输出轴却停转，反向转动时，离合器又啮合。

（2）手动操作保护。手柄插入手动操作轴孔，此时安全保护开关动作，从而断开主回路及控制回路电源，此时电动机构不能电动操作。手动操作后，从轴孔中拨出手柄时，安全保护开关复位。

（3）相序保护。为了保证电动机构按要求的方向旋转，对电动机三相电源的相序应有识别的要求。若电源相序不符合要求时，电动机朝错误的方向旋转，Q1 跳闸回路将通电，从而使电动机停转。此时调换电源相序，手动返回原工作位置，合闸 Q1 即可正常工作，否则 Q1 合不上或合闸后返回原工作位置。

（4）电源电压中断恢复后电动机构自动再起动。电动机构操作过程中，电源电压若中断，因行程开关已动作，电源恢复后，K1（或 K2）行程开关没有复位而重新吸合，电动机构朝未完成的运行方向继续运转，直到完成一级分接变换。

（5）紧急断开电源保护。电动机构运转过程中，如需使电动机构停止运转，按紧急脱扣按钮使 Q1 分励脱扣，断开电动机电源，电动机构停止运转，Q1 分闸后指示灯亮。

（6）预防连动保护。为防止电动机构出现不正常的连动，导致分接开关连调（滑挡），电动机构内装有时间继电器。当一次分接变换操作起动时，时间继电器通电开始计时。一旦分接变换一次的时间超过整定时间，时间继电器将动作，Q1 激励跳闸，断开电动机的电源及控制回路电源，阻止分接变换的继续进行，防止了开关的滑挡连调。

时间继电器动作的整定时间有两种：带有中间超越位置的电动机构，动作时间整定为 13s，无中间超越位置的动作时间整定为 7.5s。

二、指示装置

电动机构为了运行安全可靠，应带有操作方向指示、分接变换在进行中指示、紧急断开电源指示、完成分接变换次数的指示、就地和遥远工作位置的指示等几种指示装置。

≫ 【技能要领】

一、机构启动

（1）操作必要条件。开启电源：① 就地/远方切换正确；② 相序正确；③ 空气开关 Q1 合闸。

（2）开始动作。

CMA7 型电动机构电气工作原理（启动 1）如图 6-5 所示。第一步：按下 S1 按钮，S1 的 13-14 闭合（同时 21-22 断开），此时电流从 X1/6 通过 Q1（13，14）S8（S，V），S18（C，Nc），S2（21，22），S1（13，14），K20（5，3），S16（C，NC），S6（S，V），K2（22，21），接通 K1 线圈，接触器 K1 吸合。

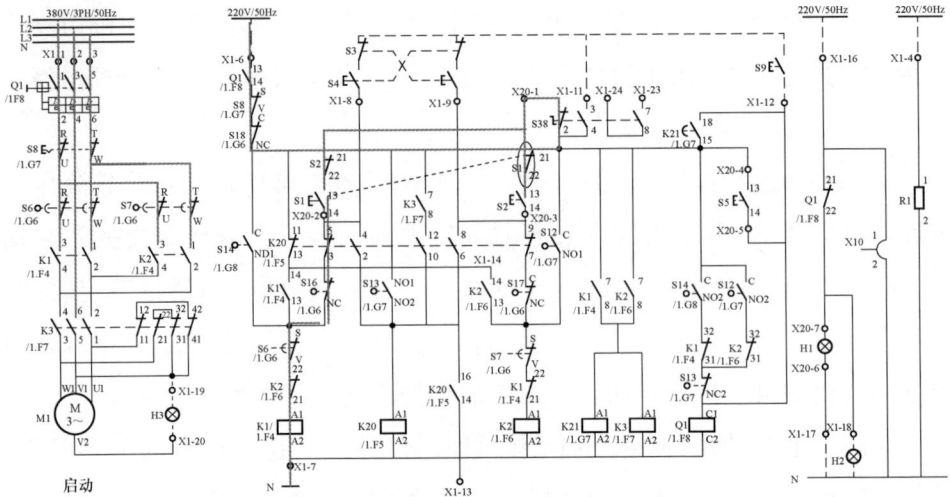

图 6-5　CMA7 型电动机构电气工作原理图（启动 1）

CMA7 型电动机构电气工作原理（启动 2）如图 6-6 所示。第二步：K1 吸合使触点 K1（13，14）闭合，通过 K20（11，13）使 K1 线圈保持有电，从而实现了自锁。

CMA7 型电动机构电气工作原理（启动 3）如图 6-7 所示。第三步：K1 吸合同时，触点 K1（7，8）闭合，使 K3 线圈接通。K1、K3 吸合，电动机 M 运转。同时 K21（A1，A2）得电，开始延时（通常整定为 13s 左右）。

二、级进控制

CMA7 型电动机构电气工作原理（级进控制 1）如图 6-8 所示。第一步：电动机运转后，级进位置显示盘转出绿区，凸轮行程开关 S14（C，NO）闭合，此时接触器 K1（A1，A2）同时可由 S14（C，NO）供电。

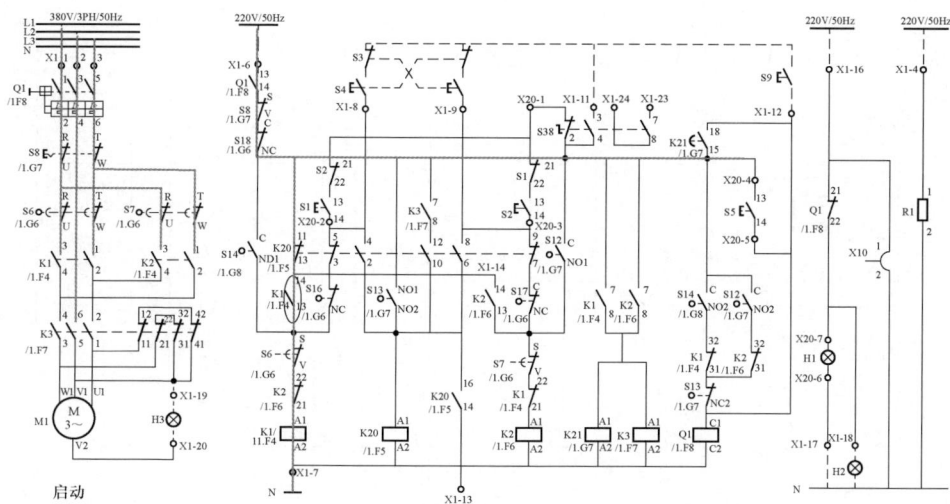

图 6-6　CMA7 型电动机构电气工作原理图（启动 2）

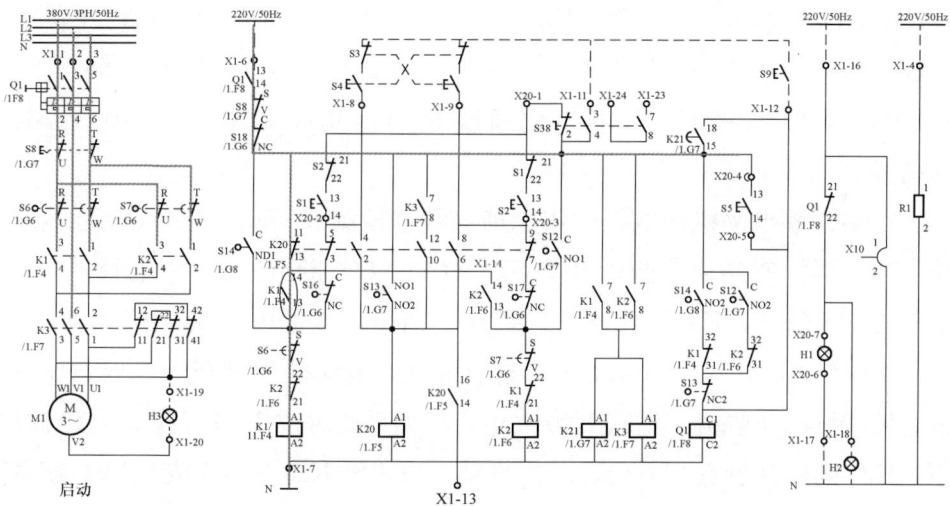

图 6-7　CMA7 型电动机构电气工作原理图（启动 3）

CMA7 型电动机构电气工作原理（级进控制 2）如图 6-9 所示。第二步：当电动机构级进位置显示盘再转过一小格时，凸轮开关 S13 动作，S13（NO1，NO2）闭合使中间继电器 K20 线圈得电吸合，K20（5，3），K20（11，13）断开 K20（4，2），K20（12，10）闭合，此时 K20 通过 S13

153

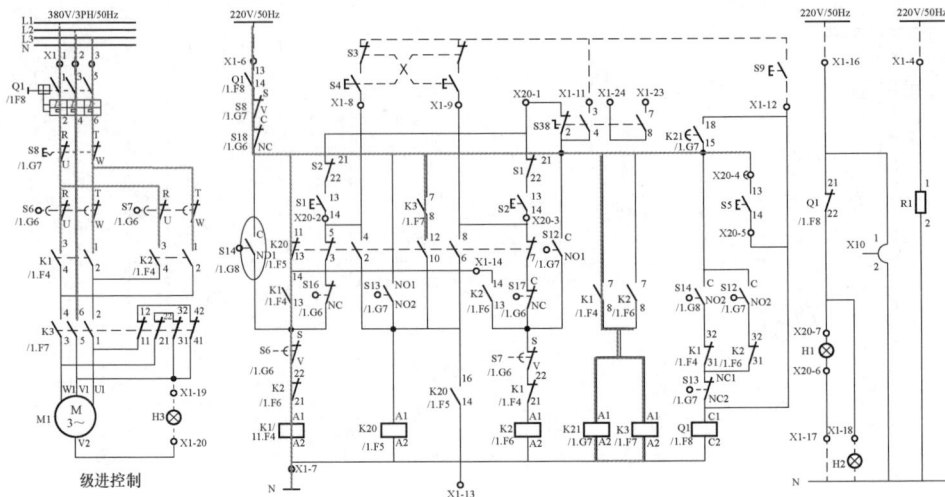

图 6-8　CMA7 型电动机构电气工作原理图（级进控制 1）

（NO，NO2）和 K3（7，8），K20（12，10）通电，而 K1 只能通过凸轮开关触点 S14（C，NO）保持通电，电动机驱动停止前，凸轮开关触点 S13（NO1，NO2）先断开，而 K20 仍通过 K3（7，8），K20（12，10）通电，保持吸合。

　　CMA7 型电动机构电气工作原理（级进控制 3）如图 6-10 所示。第三步：当一级操作结束，凸轮开关 S14（C，NO）断开，K1 失电释放。K1 的触点 7-8 断开。K3 失电释放，断开主回路，接通电动机短接制动触点 11-12，21-22，31-32，41-42，自激能耗制动，电动机 M 停转。同时，K3 释放，K3 触点 7-8 断开，造成 K20 失电，但如果此时按钮 S1（或 S2）已被按下，K20 则经其触点 2-4（或 6-8）自锁，防止经 K20 的 3-5 或（7-9）使 K1（或 K2）再一次被激磁，如果按钮 S1（或 S2）末按下，则 K20 释放。

三、安全保护性能

1. 极限位置保护

极限位置保护动作顺序为：

（1）控制回路的电气限位开关动作。

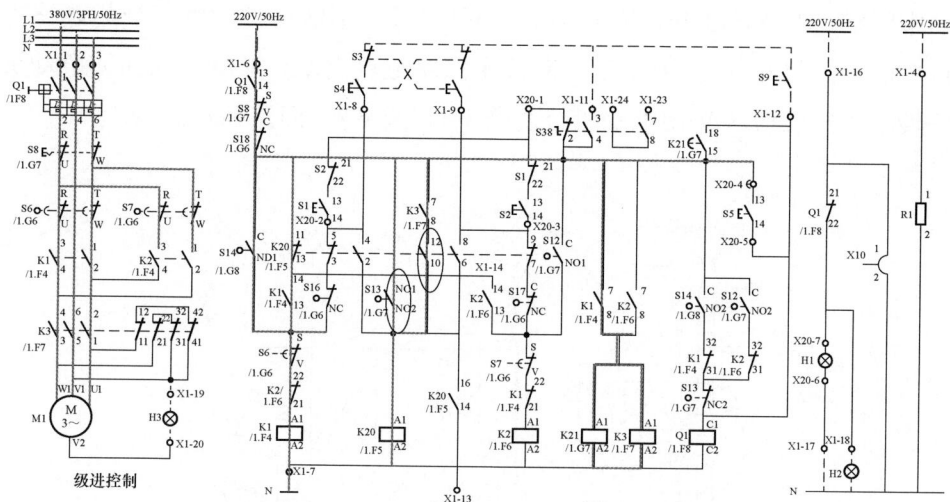

图 6-9 CMA7 型电动机构电气工作原理图（级进控制 2）

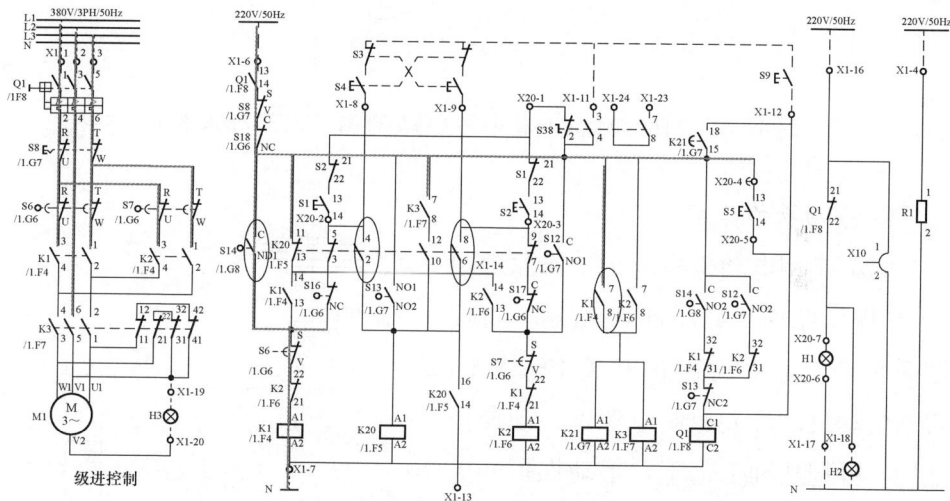

图 6-10 CMA7 型电动机构电气工作原理图（级进控制 3）

（2）电动机主回路的电气限位开关动作。

（3）机械离合器松开动作。

CMA7 型电动机构电气工作原理（极限位置保护）如图 6-11 所示。当电动机构到达极限位置时，限位开关 S16（在位置 N）或 S17（在位置 1）

的常闭触点 C-NC 断开，因而接触器 K1 或 K2 不能再被激励。当超越终点位置时，限位开关 S6（或 S7）断开主回路触点 R-U，T-W，从而使电动机停转，并经触点 S-V 使电动机接触器 K1（或 K2）回路断开。

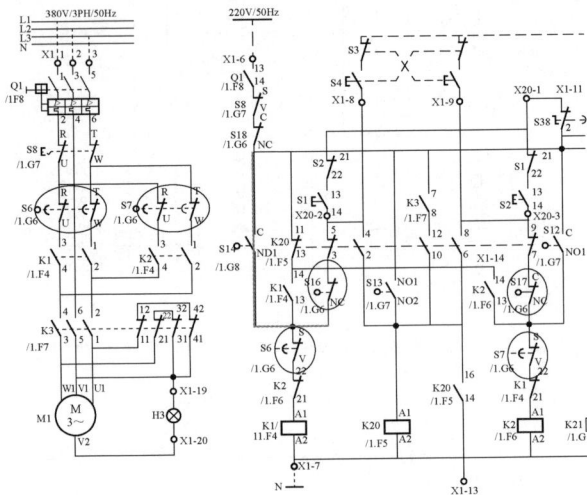

图 6-11 CMA7 型电动机构电气工作原理图（极限位置保护）

2. 手动操作保护

CMA7 型电动机构电气工作原理图（手动操作保护）如图 6-12 所示。将摇把插在轴上，手动保护开关 S8 动作，切断电动机电源和控制电源，手动操作之后，摇把从轴上退下，手动保护开关 S8 重新闭合。注意：为了防止电动机构自动再起动，在手动操作之后，必须将电动机构摇到级进位置显示盘中央的红线处。

3. 相序及连动保护

CMA7 型电动机构电气工作原理图

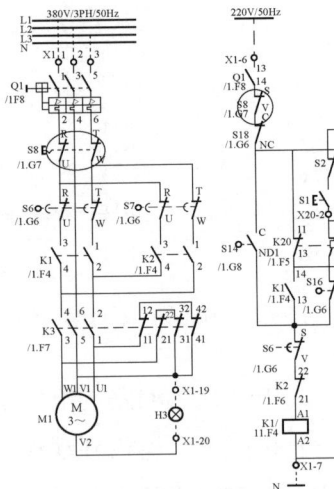

图 6-12 CMA7 型电动机构电气工作原理图（手动操作保护）

（相序及连动保护）如图 6-13 所示。

（1）相序保护。如果端子 L1、L2、L3 的相序不对，则通过相序保护回路使空气开关 Q1 跳闸，此时应调整相序（任意二相互换），手动操作至级进位置显示盘绿区中央的红线处，合上空气开关，才能进行操作。（S13 作用：避免临时失压后再自动启动功能失效）

（2）连动保护。时间继电器 K21 设定在整定值为 13s 左右，每完成一个分接变换过程约需 5.3s，如果机构在没有控制信号的情况下连续进行分接变换，K21 的激励时间超过整定值，触点 15-18 导通，保护开关 Q1 跳闸。

≫ 【典型案例】

一、案例描述

主变压器有载开关不能调挡。

二、原因分析

机构内部元器件如图 6-14 所示，元器件说明：

（1）K29 为滑挡保护时间继电器。

（2）K21 为电动机回路接触器。

（3）K1 为电动机（挡位上行）接触器。

（4）K2 为电动机（挡位下行）接触器。

（5）K20 为中间继电器。

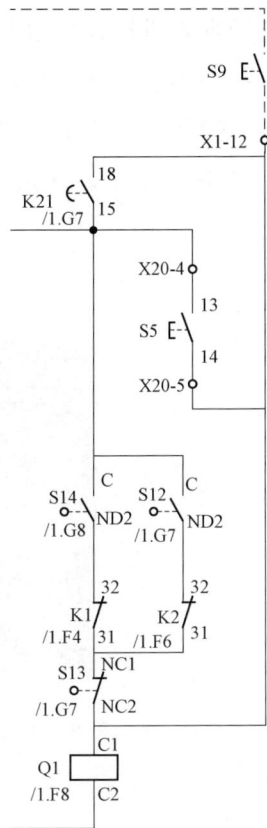

图 6-13　CMA7 型电动机构电气
工作原理图（相序及连动保护）

现场观察机构调挡过程的动作，发现继电器 K1、K2 能吸合，但是其他继电器均不能动作，检修人员通过查询 1 号主变压器有载操动机构电气原理图，确认是由于 K21 不能动作，K21 的常开触点 1、2 和 3、4 不能闭合，如图 6-14 所示，导致电动机主回路不能接通。

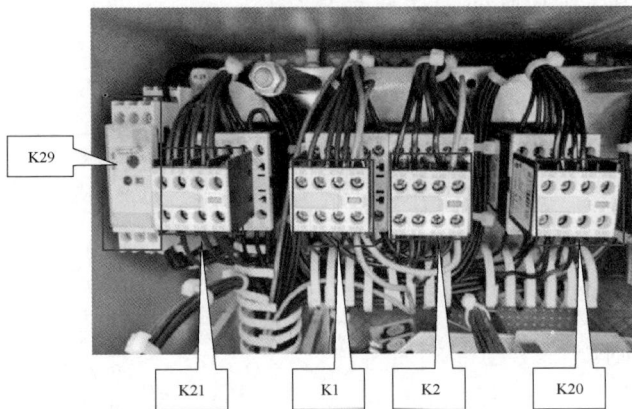

图 6-14　机构内部元器件

检修人员根据主变压器有载操动机构电气原理图（见图 6-15），合上有载调压电源开关，用万用表测量得到 K29 常开触点的上端头 25 触点有电压，下端头 26、28 无电压，经过询问有载分接开关厂家服务人员，被告知当时间继电器 K29 两个灯同时亮时，继电器才能正常工作。而当时间继电器 K29 上面的线圈得电灯亮，下面的常开触点闭合灯不亮。因而判断时间继电器 K29 已经损坏，这是导致有载机构不能调挡的根本原因。

三、防控措施

（1）更换损坏的时间继电器。

（2）对于实现自动控制的元器件来说，其寿命的长短直接取决于产品

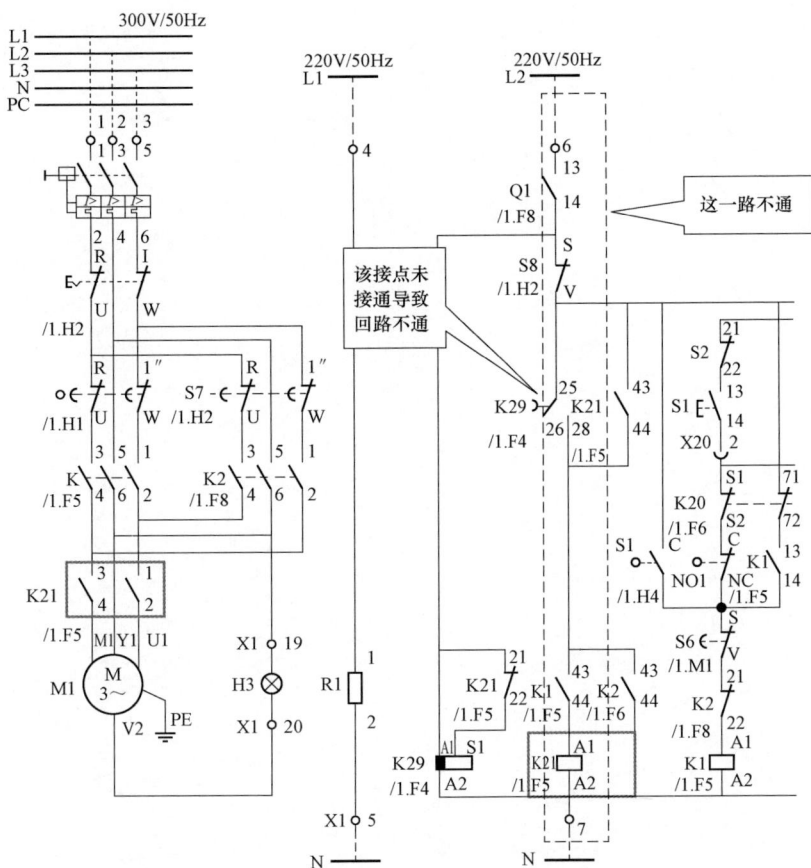

图 6-15　主变压器有载操动机构电气原理图

质量以及跟踪维护，因此，采购质量优良的继电器以及定期校验各元器件
是否正确动作，是解决此类问题的有效方法。

项目七

变压器故障案例

≫ 【项目描述】

本项目包含变压器现场实际运行过程当中发生的各种故障。通过故障案例的介绍，熟悉变压器本体及各附件的常见故障，掌握常见故障的分析与处理能力，从而达到能够及时消除设备缺陷，随时保证设备安全运行的目的。

任务一　变压器常见故障概述

≫ 【任务描述】

本任务主要讲解变压器的常见故障。通过变压器的故障介绍，熟悉变压器在实际运行当中容易引发的缺陷和隐患，为现场消缺提供有力的素材支撑。

≫ 【知识要点】

变压器故障可分为内部故障和外部故障，内部故障是指变压器本体内部绝缘或绕组出现的故障，外部故障是指变压器辅助设备出现的故障。

变压器常见的故障有变压器过热、冷却装置故障、油位异常、轻瓦斯继电器动作、变压器跳闸和变压器的紧急停运。此外，变压器各附件也会在运行过程中出现各种各样的问题，在之后的案例分析中会逐一介绍。

在变压器过热时应重点检查变压器是否过负荷、冷却装置是否正常和是否投入，变压器三相中某一相的温度是否过高等，采取相应的措施进行处理。若冷却装置故障，则根据故障停运的范围查找相应的故障点。若油位异常，则检查负荷和油温，冷却系统是否正常，所有阀门位置是否正确，注意变压器本身有无故障迹象等进行判断处理。若轻瓦斯继电器动作，首先检查变压器外观、声音、温度、油位、负荷情况，并抽取气样进行分析判断。若是变压器跳闸则应根据保护动作情况、现场设备情况判断故障跳闸原因，采取不同的措施进行处理。当遇到威胁变压器本身安全运行的情况时，则应立即停运变压器，以确保变压器本身的安全。

【技能要领】

一、变压器过热

过热对变压器是极其有害的，变压器绝缘损坏大多是由过热引起的，温度的升高降低了绝缘材料的耐压和机械强度。《油浸式电力变压器负载导则》指出变压器最热点温度达到140℃时，油中就会产生气泡，气泡会降低绝缘或引发闪络，造成变压器损坏。

变压器的过热对变压器的使用寿命影响极大，根据变压器运行的6℃法则，在80～140℃的温度范围内，温度每增加6℃，变压器绝缘有效使用寿命降低的速度会增加一倍。油浸变压器绕组平均温升限值65K，顶部油温升是55K，铁芯和油箱是80K。

变压器过热主要表现为油温异常升高，其主要原因可能有：

（1）变压器过负荷；

（2）冷却装置故障（或冷却装置未完全投入）；

（3）变压器内部故障；

（4）温度指示装置误指示。

当发现变压器油温异常升高时，应对以上可能的原因逐一进行检查，做出准确判断，检查和处理要点如下：

1）若变压器已过负荷，单相变压器组三相各温度计指示基本一致（可能有几度偏差），变压器及冷却装置正常，则油温升高由过负荷引起，应加强对变压器监视（负荷、温度、运行状态），并立即向上级调度部门汇报，建议转移负荷以降低过负荷倍数和缩短过负荷时间。

2）若是冷却装置未完全投入引起，应立即投入，若是冷却装置故障，应迅速查明原因，立即处理，排除故障。若故障不能立即排除，则必须密切监视变压器的温度和负荷，随时向上级调度部门和有关生产管理部门汇报，降低变压器运行负荷，按相应冷却装置冷却性能与负荷的对应值运行。

3）若远方测温装置发出温度告警信号，且指示温度值很高，而现场温度计指示并不高，变压器又没有其他故障现场，可能是远方测温回路故障误告警，这类故障可在适宜的时候予以排除。

4）如果三相变压器组中某一相油温升高，明显高于该相在过去同一负荷，同样冷却条件下的运行油温，而冷却装置、温度计均正常，则过热可能是由变压器内部的某种故障引起的，应立即取油样做色谱分析，进一步查明故障。若色谱分析表明变压器存在内部故障，或变压器在负荷及冷却条件不变的情况下，油温不断上升，则应将变压器退出运行。

二、冷却装置故障

冷却装置是通过变压器油帮助绕组和铁芯散热。冷却装置正常与否，是变压器正常运行的重要条件。当冷却设备遭到破坏，变压器运行温度迅速上升，变压器绝缘的寿命损失急剧增加。在冷却设备故障期间，应密切监视变压器的温度和负荷，随时向上级部门汇报，如变压器负荷超过冷却设备故障条件下规定的限值时，应按现场规程的规定申请减负荷。

需注意的是，在油温上升过程中，绕组和铁芯的温度上升快，而油温上升较慢。可能从表面上看油温上升不多，但铁芯和绕组的温度已经很高了，特别是油泵故障时，绕组对油的温升远远超过铭牌规定的正常数值，可能从表面上看油温似乎上升不多甚至没有明显上升，而铁芯和绕组的温度可能已经远远超过容许值。以后随着油温逐渐升高，绕组和铁芯的温度将按一定负载和冷却条件下保持对油温升为一定值的规律，继续上升到更高数值。所以，在冷却装置存在故障时，不但要观察油温、绕组温度，而且要按照制造厂说明和现场规程规定的冷却装置停运情况下变压器容许运行的容量和时间，注意变压器运行的其他变化，综合判断变压器的运行状况。

检查冷却装置的故障，应根据故障停运的范围（是个别油泵风扇停转还是整组停转，是一相停转还是三相停转），对照冷却设备控制回路图查找故障点，尽量缩短冷却设备停运时间。

如果变压器个别风扇或油泵故障停转，而其他运行正常，可能的原因有：

（1）该风扇或油泵三相电源有一相断路，使电动机运行电流增大，热继电器动作或切断电源，或使电动机烧坏。

（2）风扇、油泵轴承或机械故障。

（3）该风扇或油泵控制回路中相应的控制继电器、按触器或其他元件故障，或者回路断线（如端子松动、接触不良）。

（4）热继电器定值过小而误动。如查明原因属于电源或回路故障时，应迅速修复断线，更换熔断器，恢复电源及回路正常。如控制继电器损坏，应用备品更换。若风扇或油泵损坏，应立即申请检修。

如果变压器有一组（或若干台）风扇或油泵同时停转，可能原因是该组电源故障，熔断器熔断或热继电器动作，或控制继电器损坏。应立即投入备用风扇或备用油泵，然后处理恢复。

主变压器有一组或三相油泵风扇全部停止运转，必然是主变压器该相或三相冷却总电源故障引起的，此时应查看备用电源是否自动投入，若未能自动投入，应迅速手动投入备用电源，查明故障原因，予以消除。

三、油位异常

变压器油位不正常，包括本体油位不正常和有载调压开关油位不正常两种情况。通过油位计，可以观察两者的油位。

（1）变压器油位低，应查其原因。如果由于低气温、低负载，油温下降，使油位降低到最低油面线，应及时加油。如果变压器严重漏油引起油位降低，应立即采取措施制止漏油，并加油。

（2）变压器油位过高，可能原因有：

1）注油量过多，在高气温、高负载时，油位随温度上升。

2）冷却器装置故障。

3) 变压器本身故障。

变压器油位过高时，应检查负荷和油温，冷却系统是否正常，所有阀门位置是否正确，注意变压器本身有无故障迹象。若油位过高，或出现溢油，而变压器无其他故障现象，可适当放出少量变压器油。

(3) 变压器有载调压开关油枕油位过高，除油温等因素影响外，还可能是有载调压切换开关的油箱由于电气接头过热或其他原因致使密封破坏，变压器本体绝缘油渗漏进入有载调压切换开关油箱内，导致有载调压开关油位异常上升。当有载调压开关油位异常并不断上升，甚至从有载调压开关油枕呼吸器通道向外溢出时，应立即对变压器进行油色谱分析，并加强监视。

(4) 带有隔膜或胶囊的油枕，采用指针式油位计，按照隔膜或胶囊底部的位置来指示油位，在下列情况下会出现指针指示与实际不相符的现象：

1) 隔膜或胶囊下面储积有气体，使隔膜或胶囊高于实际油位，油位指示将偏高。

2) 呼吸器堵塞，使油位下降时空气不能进入，油位指示将偏高。

3) 胶囊或隔膜破裂，使油进入胶囊或隔膜以上的空间，油位计指示可能偏低。

对以上三种情况，可能导致油位指示不正确，需要依靠运行人员在正常的运行中，细心观察，认真分析。

四、轻瓦斯继电器动作

变压器轻瓦斯继电器动作，表明变压器运行异常，应立即进行检查处理，方法如下：

(1) 对变压器外观、声音、温度、油位、负荷进行检查，若发现漏油严重，油位在油位指示计 0 刻度以下，可能油位已降低至作用于信号的气体继电器以下，这时应立即使变压器退出运行，并尽快处理漏油。若发现变压器温度异常升高或运行声音异常，则应立即安排带电检测，并进行变压器油的色谱分析并加强监视。

（2）抽取气样进行分析判断。一般情况下是采用现场定性判断和在实验室进行定量分析并用的。

取气时，最好使用适当容积的注射器进行。取下注射器的针尖，换上一小段塑料或耐油橡胶细管。取气前注射器和软管内应先吸满变压器油，排出空气，然后将注射器活塞推到底，排出注射器内的油。将软管接在气体继电器的排气阀上（要求接口严密不漏气）。打开气体继电器排气阀，缓缓抽回注射器活塞，气体即进入注射器内。若色谱分析确认变压器内部存在故障，应立即设法将变压器退出运行。若气体无色无臭不可燃，色谱分析判断为空气，那么作用于信号的气体继电器动作可能是由于二次回路故障造成误报警，应迅速检查并处理。在抽取气体的过程中还应注意：注射应当用无色透明的，便于观察气体的颜色。同时还应在严格的监护下进行，严格保持与带电部分的安全距离。

五、变压器跳闸

变压器自动跳闸时，应立即进行全面检查，查明跳闸原因再做处理。

1. 初步检查与分析

（1）检查变压器跳闸前的负荷、油位、油温、油色、变压器有无喷油、冒烟、瓷套管闪络、破裂，压力释放阀是否动作或其他明显的故障迹象，气体继电器有无气体等。

（2）了解系统情况，如保护区内外有无短路故障、系统内有无操作，是否有操作过电压、合闸励磁涌流等。

（3）分析相关材料和数据：

1）主变压器保护动作信息，包括故障录波图、短路故障电流大小、差动保护范围等相关信息。

2）主变压器抗短路能力计算报告，包括具体可承受短路电流值。

3）主变压器历年短路故障情况，包括短路电流次数、大小等。

4）主变压器交接及所有例行试验、油色谱、绕组变形等诊断性试验数据。

2. 试验内容

（1）油色谱分析：主变压器跳闸后立即安排油色谱分析；主变压器跳闸油充分循环扩散后（自冷变压器静置时间应大于 4h；风冷和强油循环变压器应启动风扇或强油循环至少 1h）再次取油样进行油色谱分析；主变压器底部、中部、上部取样口应分别取样；应对故障前后的油色谱数据进行比对分析，判断主变压器内部是否存在故障。

（2）常规试验项目（包括但不限于）：绕组直流电阻、绝缘电阻、铁芯绝缘、套管介质损耗电容量等，按照状态检修试验规程及相关标准要求开展测试分析。

（3）绕组变形测试项目：

1）介质损耗电容量。重点关注电容量是否发生明显变化。

2）低电压短路阻抗。试验应包括高-中、高-低、中-低、中-高、低-中、低-高等六种接线方式，正反接线下短路阻抗不应发生明显变化。

不同容量及电压等级的变压器，要求分别如下：

a. 容量 100MVA 及以下且电压等级 220kV 以下的变压器，初值差不超过±2%；

b. 容量 100MVA 以上或电压等级 220kV 以上的变压器，初值差不超过±1.6%；

c. 容量 100MVA 及以下且电压等级 220kV 以下的变压器三相之间的最大相对互差不应大于 2.5%；

d. 容量 100MVA 以上或电压等级 220kV 以上的变压器三相之间的最大相对互差不应大于 2%。

3）绕组频响。按照《电力变压器绕组变形的频率响应分析法》的要求进行测试分析，对绕组变形的判断可参照表 7-1，分析时应加强与交接数据、历史试验数据的纵横比较。

表 7-1   相关系数与变压器绕组变形程度的关系（仅供参考）

绕组变形程度	相关系数 R
严重变形	$R_{LF} < 0.6$

续表

绕组变形程度	相关系数 R
明显变形	$1.0 > R_{LF} \geqslant 0.6$ 或 $R_{MF} < 0.6$
轻度变形	$2.0 > R_{LF} \geqslant 1.0$ 或 $0.6 \leqslant R_{MF} < 1.0$
正常绕组	$R_{LF} \geqslant 2.0$ 和 $R_{MF} \geqslant 1.0$ 和 $R_{HF} \geqslant 0.6$

注　R_{LF} 为曲线在低频段（1～100kHz）内的相关系数；R_{MF} 为曲线在中频段（1～600kHz）内的相关系数；R_{HF} 为曲线在高频段（6～1000kHz）内的相关系数。

3. 试验数据判断

当试验数据出现异常时，应进行复测确认，并将数据反馈至省公司和电科院，综合其他试验数据及主变压器运行情况进行综合分析，一般情况下可参考以下原则处理：

（1）若上述诊断性试验未见异常、主变压器短路电流较小且在主变压器外部差动保护范围内发现明显故障点，则说明本次短路故障过程中主变压器未受到明显损坏；

（2）若上述诊断性试验未见异常，但短路电流较大或主变压器外部差动保护范围内未发现明显故障点，建议在复役前对主变压器进行退磁处理；

（3）若上述诊断性试验项目部分数据存在异常但未超出标准要求且主变压器外部差动保护范围内未发现明显故障点，则应考虑进行局部放电试验；

（4）若上述诊断性试验项目存在明显异常，主变压器内部发生明显故障，则在查明异常原因前不应复役主变压器。

六、变压器紧急停运

运行中发现变压器有下列情况之一，运维人员应立即汇报调控人员申请将变压器停运，停运前应远离设备：

（1）变压器声响明显增大，内部有爆裂声。

（2）严重漏油或者喷油，使油面下降到低于油位计的指示限度。

（3）套管有严重的破损和放电现象。

（4）变压器冒烟着火。

（5）变压器正常负载和冷却条件下，油温指示表计无异常时，若变压器顶层油温异常并不断上升，必要时应申请将变压器停运。

（6）变压器轻瓦斯保护动作，信号多次发出。

（7）变压器附近设备着火、爆炸或发生其他情况，对变压器构成严重威胁。

（8）强油循环风冷变压器的冷却系统因故障全停，超过允许温度和时间。

（9）其他根据实际现场认为应紧急停运的情况。

任务二 套管升高座渗油

≫【任务描述】

本任务主要讲解变压器套管升高座渗油案例。通过案例介绍，掌握同类型故障的分析与处理能力。

≫【知识要点】

变压器油箱及各部件的渗漏油不外乎两个方面：一是密封渗漏；二是焊缝渗漏。

（1）密封渗漏。密封渗漏的主要原因在于密封面的结构、密封材料的质量和安装工艺等方面。因此，在以上三方面都要做到符合标准才能尽可能减少因密封不良引起的渗漏油。

（2）焊缝渗漏。油箱由于焊接质量不好，往往会在焊接处存在砂眼或焊接开裂，从而造成变压器渗漏油。处理这种渗漏油的方法一般是补焊，最好的方法是直接对油箱内壁的渗漏点进行补焊处理，这样既安全又可靠彻底。但这种补焊方法只能在变压器吊心时进行，变压器不吊心时，也可采用带油补焊。变压器带油补焊时，严禁使用气焊补焊，而采用电焊补焊的方法。带油补焊一般均采用负压带油补焊，也就是在关闭储油柜连管上阀门后，排除油箱部分油，对油箱抽一定真空，使油箱内处于负压状况。另外，带电补焊时应要有防火的措施。

≫【典型案例】

一、案例描述

主变压器 110kV A 相套管底部渗漏油。

二、过程分析

由图 7-1 可见，110kV A 相套管底部渗漏油严重，本体上堆积许多油迹，打开接线盒盖板发现实际是从接线盒中渗出。此缺陷之前已处理过，当时发现紧固没有效果，于是采用堵漏胶封堵的办法制止渗油（见图 7-2）。然而并未见效，渗油现象依然严重。再次到现场，对比 A 相与 B 相接线盒，发现两者密封垫安装不一样（见图 7-2、图 7-3）。松开 A 相接线盒线板上的螺栓，发现每颗螺栓一松即有油渗出，而且流量较大，表明其中的密封垫没有起到任何密封作用，只是靠几颗紧固螺栓勉强压紧作为密封。分析推断，套管 TA 接线盒的密封垫安装错误，起不到密封作用。

图 7-1　110kV A 相套管底部渗漏油

采用堵漏胶封堵

图 7-2　110kV A 相套管 TA 接线盒

图 7-3　110kV B 相套管 TA 接线盒

三、结论建议

（1）需停主变压器更换密封垫。

（2）通过该问题发现，结合运行环境对密封结构设计、密封材料、安装工艺等加强检查十分重要。

任务三　有载分接开关油室顶盖渗油

》【任务描述】

本任务主要讲解有载开关油室顶盖渗油案例。通过案例介绍，掌握同类型故障的分析与处理能力。

》【知识要点】

有载分接开关油室中的油是与变压器本体油隔绝的，有载分接开关在运行中切换电压时，在触头上会有电弧产生，在油中产生乙炔等特征气体，如果有载分接开关与变压器本体之间密封不严，就会使这些特征气体进入变压器本体油中，污染变压器油，给变压器本体油的色谱分析带来影响。有载开关油室有多处密封点，存在渗漏油问题，尤其天气冷热交替的时候更容易引起密封的老化，导致缺陷的发生。

》【技能要领】

有载分接开关常渗油的部位有：① 油室的上、下法兰连接处；② 油室绝缘筒上的头盖密封处；③ 油室内壁及底部的结合处；④ 选择器传动转轴轴封等。有载开关油室油渗漏出变压器外部、渗入变压器油箱内的情况都有。造成有载分接开关渗漏油的原因是多方面的：既有开关本身产品制造质量和出厂装配等造成的因素，也有安装、维护、检修不到位的原因；主要的是由于橡皮密封老化、装配过程中密封圈损伤、压缩量不足、紧固螺栓松动等因素造成的。

有载开关油渗出变压器外部时一般经过观察，找到渗漏点，通过更换密封圈和密封垫即可解决，处理起来要相对容易一些。渗入变压器油箱内的情况要复杂一些，因渗漏油可能影响变压器油色谱分析，影响事故判断的准确性，需进行有载开关吊芯检查，检查分接开关的绝缘筒内壁、分接

173

引线连接处、放油螺栓、转轴油封等部位密封状况，甚至进行变压器本体排油处理。

≫【典型案例】

一、案例描述

有载开关顶盖渗油。

二、过程分析

主变压器本体顶部大面积渗油。根据现场油迹观察，初步判断为有载开关筒体顶盖密封不良导致渗油，打开顶盖后发现有载开关上附着水泡，如图 7-4 所示，随即对有载开关油筒顶盖密封圈进行更换。

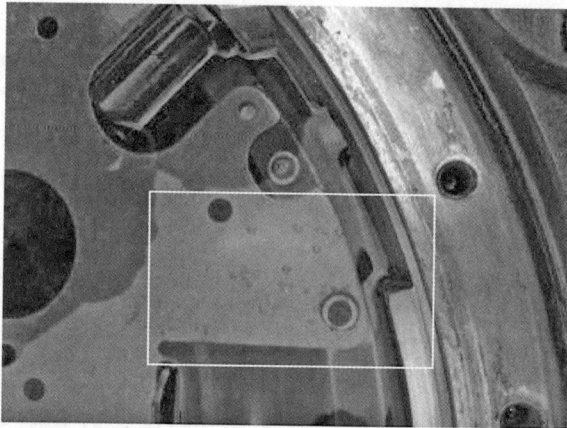

图 7-4　有载开关上层油附着水泡

装复有载开关顶盖后，将油迹擦拭干净后继续观察，发现渗油依然存在，确定新渗油点为有载开关筒体法兰与本体连接螺栓处，如图 7-5 所示。

有载开关筒体法兰与主变压器本体之间渗油如图 7-6 所示，有载开关筒体与主变压器本体密封圈密封不良如图 7-7 所示。

有载开关筒体法兰与本体连接螺栓多处存在不同程度渗油

图 7-5　有载开关筒体法兰与主变压器本体连接螺栓处渗油

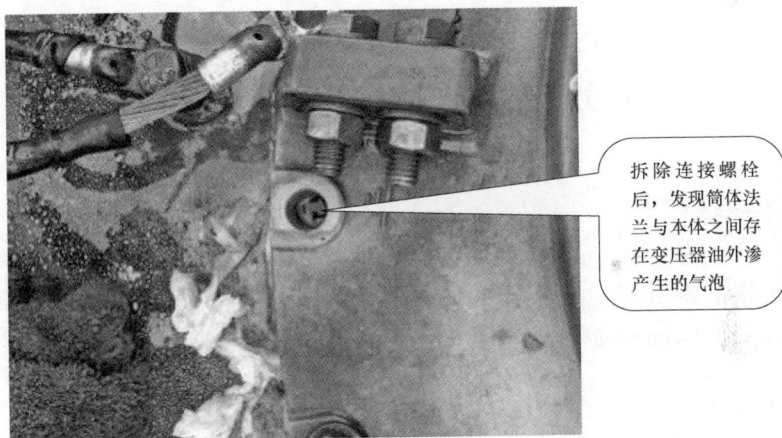

拆除连接螺栓后，发现筒体法兰与本体之间存在变压器油外渗产生的气泡

图 7-6　有载开关筒体法兰与主变压器本体之间渗油

三、防控措施

结合主变压器停电吊离有载开关筒体，更换筒体与主变压器油箱之间的密封圈，密封圈应采用不易老化的耐油橡胶，更换后应对有载开关筒体法兰与本体连接螺栓进行全面均匀紧固。

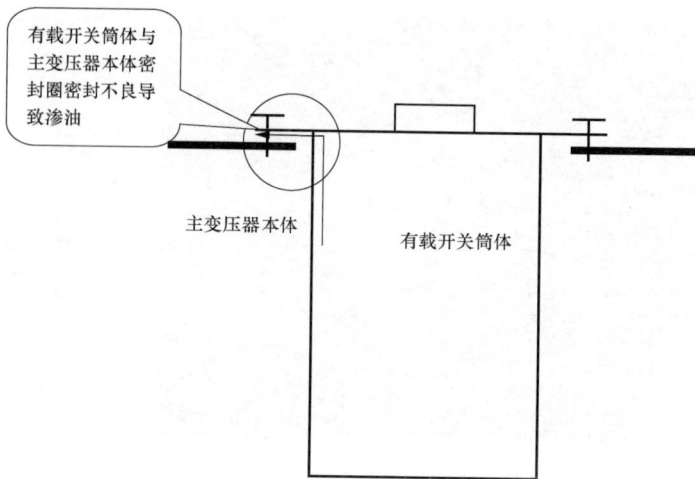

图 7-7　有载开关筒体与主变压器本体密封圈密封不良

任务四　主变压器油箱渗油

≫【任务描述】

本任务主要讲解主变压器油箱渗油案例。通过案例介绍，掌握同类型故障的分析与处理能力。

≫【典型案例】

一、案例描述

主变压器油箱盖上多处油迹。

二、原因分析

结合主变压器停役，对该主变压器渗油进行检查处理。主变压器本体上部发现渗油部位较多，包括 110kV B 相套管及中性点套管法兰连接处，以及 10kV 套管下部均存在渗油，分别如图 7-8 和图 7-9 所示。出现渗油的原因有两个，一是由于密封圈长期压缩老化，密封性能逐渐下降；二是出厂安装工艺不到位，密封圈受力不均匀。基于以上两点，结合气温变化，当温度降低时，密封圈收缩，渗油迹象则开始显露。

图 7-8　110kV 套管法兰连接处渗油

图 7-9　10kV 套管下部渗油

　　套管渗油通常出现的部位，除了套管法兰以外，放气螺栓以及升高座二次接线盒也是渗油多发部位，如图 7-10～图 7-12 所示。

放气螺栓渗油

图 7-10　套管放气螺栓渗油

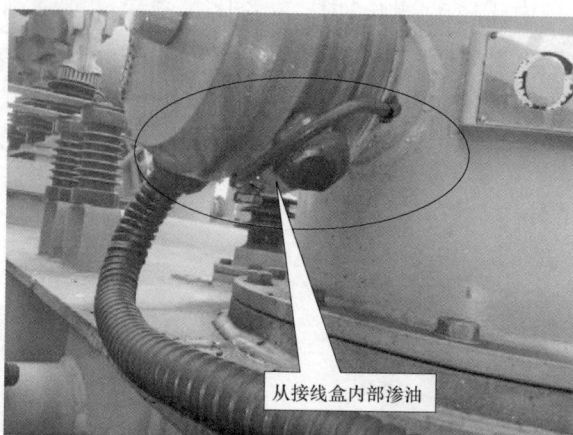

从接线盒内部渗油

图 7-11 套管升高座二次接线盒渗油（一）

从接线盒内部渗油

图 7-12 套管升高座二次接线盒渗油（二）

三、防控措施

针对该类问题，除了加强基建施工工艺以及验收环节质量之外，检修人员应结合年检或主变压器停役对套管紧固及密封垫情况进行检查，并做适当紧固处理。尤其是一些老旧变压器，如果单纯紧固不起作用，应及时更换密封圈或套管。

任务五　散 热 片 渗 油

≫【任务描述】

本任务主要讲解散热片渗油案例。通过案例介绍，掌握同类型故障的分析与处理能力。

≫【典型案例】

一、案例描述

散热片编号粘贴处漏油。

二、原因分析

主变压器 2 号散热片贴编号处漏油，掀开编号贴片，可见粘贴处已严重锈蚀，如图 7-13 所示。

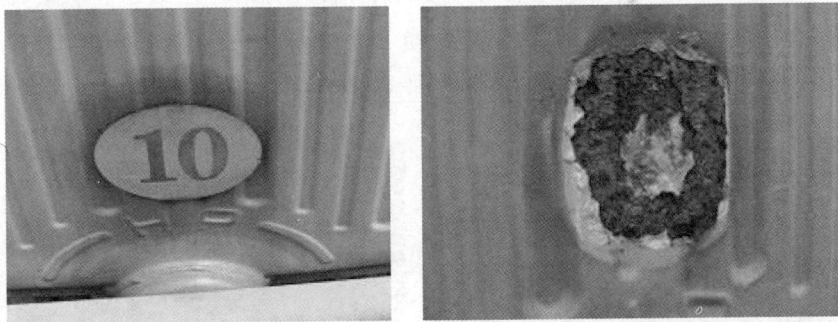

图 7-13　散热片贴编号处漏油

在准备封堵之前，现场用砂布小心除锈，但由于散热片本身比较薄，加上锈蚀相当严重，如图 7-14 所示，除锈过程中发现沙眼扩大，因此只能带锈封堵。

腐蚀现象一方面跟玻璃胶有腐蚀作用有关，另一方面跟散热片本身材质有关。现场检查其他贴片，有同样现象。如图 7-14 为主变压器设备标识牌粘贴处。

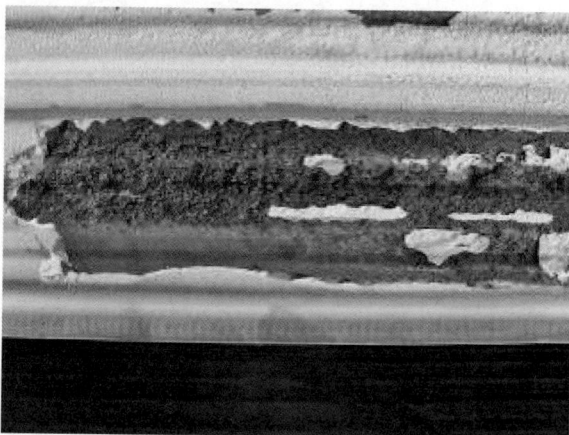

图 7-14 散热片编号粘贴处严重锈蚀

在变电站检修过程中，已经发现许多变压器散热器贴标牌及序号牌的部位严重锈蚀，且散热器本身的铁皮非常薄，铁皮容易烂穿，其中某变电站 2 号主变压器锈蚀部位已经严重渗油，虽经过临时封堵，但效果不佳。结合年检对部分锈蚀严重的散热器进行了更换。主变压器标示牌拆除后散热器锈蚀图片和散热器标示牌拆除后锈蚀图片分别如图 7-15、图 7-16 所示。

图 7-15 主变压器标示牌拆除后
散热器锈蚀图片

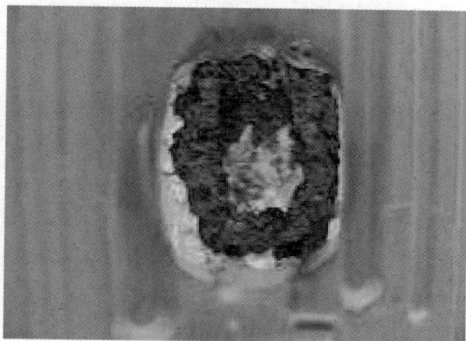

图 7-16 散热器标示牌拆除后
锈蚀图片

由于严重锈蚀的散热器均为户外变压器，分析原因是贴牌后，雨水进入后不易排出，引起锈蚀严重（也不排除贴牌使用的玻璃胶有腐蚀性引起）。

三、防控措施

开发一种不需使用玻璃胶贴牌的方法。全面拆除变压器散热器上所贴的序号牌，主变压器标牌改用支架安装，散热器序号改用油漆涂刷。标示牌新安装方式如图 7-17 所示。标示牌夹件如图 7-18 所示。

图 7-17　标示牌新安装方式

图 7-18　标示牌夹件

任务六 主变压器放油阀渗油

》【任务描述】

本任务主要讲解主变压器放油阀渗油案例。通过案例介绍，掌握同类型故障的分析与处理能力。

》【典型案例】

一、案例描述

主变压器放油阀渗油。

二、原因分析

主变压器放油阀渗油，现场查看发现，实际上是放油阀门未安装定位螺栓，如图 7-19 所示，导致阀芯未被密封圈压紧，从而出现渗油。

图 7-19 主变压器放油阀门未安装定位螺栓

放油阀门正确安装方式应如图 7-20 所示。

图 7-20　安装主变压器放油阀定位螺栓

类似问题，某变电站 1 号主变压器安装在线监测装置时，由于紧固放油阀密封圈时工艺不当，使得密封圈发生偏移，从而密封不严导致渗油。

此外，某变电站在安装装置油管路时气体没有排尽，导致气体进入本体，引起轻瓦斯动作。

三、防控措施

主变压器油色谱在线监测装置近年来在系统内普遍安装。安装工艺不到位将引起诸多缺陷，严重危害变压器的安全运行。在施工过程中，要严格把关安装质量，验收工作要细致到位。

任务七　主变压器油箱法兰过热

≫【任务描述】

本任务主要讲解主变压器油箱法兰过热案例。通过案例介绍，掌握同类型故障的分析与处理能力。

≫【知识要点】

变压器运行时，除了主磁通外，还产生漏磁通。特别是大型变压器，运行时的电流较大，因此，它的漏磁通也很强。由于漏磁通的存在，会在铁芯的紧固结构金属件和油箱的某些部分发热。漏磁发热有两种形式：一种是漏磁通沿金属件导通时，在漏磁通集中的部位发热；另一种形式是漏磁通穿过由铁芯的紧固结构金属件和油箱形成的闭合回路，在该回路中感应出环流。漏磁通严重的变压器，这种环流高达数百安培，将在该回路中电阻大的部位发热。处理漏磁发热可用堵和导两种方法。堵就是在漏磁集中的地方用非导磁材料来代替，如用不锈钢螺栓代替钢螺栓。导就是用优良的导磁材料（如硅钢片）设置在漏磁涡流较大的地方，也称磁屏蔽，让漏磁通沿着磁屏蔽闭合，减少涡流发热。

≫【典型案例】

一、案例描述

主变压器外壳接地扁铁螺栓处红外测温高达 185℃。

二、过程分析

运维人员进行变电站红外测温工作时，发现 1 号主变压器钟罩法兰一圈存在多处过热，其中以外壳接地扁铁螺栓处过热最为严重，最高达 185℃。此外，主变压器 110kV 侧正面自右往左第 14 颗以及正面自左往右第 9 颗钟罩法兰连接螺栓也存在温度较高的情况。表 7-2 为过热跟踪情况。

表 7-2　　　　　　　　　　过 热 跟 踪 情 况

日期	1号主变压器110kV侧正面自右往左第14颗温度（℃）	1号主变压器110kV侧正面自左往右第9颗温度（℃）	接地扁铁温度（℃）
7. 2	127	88	162
7. 3	111	87	153

日期	1号主变压器110kV侧正面自右往左第14颗温度（℃）	1号主变压器110kV侧正面自左往右第9颗温度（℃）	接地扁铁温度（℃）
7.4	133	90	185
7.7（处理当天开工前）	109	85	124

随后检修队伍赴变电站进行处理，针对过热点拆解相应连接螺栓，发现接触面油漆覆盖严重，可靠接触面积极小，且存在较严重腐蚀情况（见图7-21）。

图7-21　主变压器钟罩法兰连接螺栓处严重腐蚀

产生原因：① 变压器受到漏磁场的作用，产生漏磁发热，使钟罩法兰螺栓上产生过热；② 漏磁通经油箱从上节油箱传至下节油箱，在上、下节油箱之间会产生微小的电位差，如果上、下节油箱接触不良，甚至会在箱沿附近产生放电现象。

三、防控措施

（1）利用硅钢片的导磁性能，在过热螺栓处加装硅钢片，短接于上、下节油箱法兰之间，实现磁屏蔽，使漏磁经磁屏蔽闭合，从而减少漏磁产生的涡流发热。

（2）考虑上、下节油箱接触不良，导致存在电位差，且电阻较大，以至于发热现象较明显。针对该情况，一是充分处理接触面，并更换法兰连接螺栓，保证接触良好，尽量减小接触电阻；二是在过热螺栓处加装铜排，短接于上、下节油箱法兰之间，使上、下节油箱更可靠地连接在一起，尽量减小电位差。

（3）因为上、下节油箱电位差产生的电流均流经该接地扁铁，而该接地扁铁接触面积也较小，导致过热现象最严重。除了结合方案1、2以外，在接地扁铁螺栓两端短接一根导线，同时处理接地扁铁的螺栓接触面，增大接触面积，并更换腐蚀螺帽以减小接触电阻。具体实施情况如图 7-22 所示。

图 7-22　过热整改措施

任务八　风控回路发冷却器故障信号

》【任务描述】

本任务主要讲解风控回路故障案例。通过案例介绍，掌握同类型故障的分析与处理能力。

》【知识要点】

冷却系统的常见故障表现有：对于强油风冷循环的冷却器有控制回路、油泵、风扇等故障，还要注意冷却器的密封，因为油泵工作时，冷却器内部为负压区，若冷却器的密封不良，空气和水分被吸入变压器内部，使变压器内部的绝缘受潮，进入的空气轻则可使轻瓦斯经常动作发信，重则可能会造成重瓦斯误动作，使变压器跳闸。冷却器在工作时，污物会积在表面，影响冷却器的散热效果，使变压器的油温上升。强油水冷却器若发生渗漏，则冷却水就会进入变压器，造成变压器的烧毁等。

》【典型案例】

一、案例描述

主变压器风控回路发冷却器故障信号。

二、原因分析

现场检查正常，模拟按温度启动、按负荷启动冷却器试验时发现，当按温度启动返回时发冷却器故障信号。发信回路如图 7-23 所示。

发信过程：正电→中间继电器 KA1 的辅助动断触点→中间继电器 KA2 的辅助动断触点→负电，发故障信号。中间继电器 KA1、KA2 动作顺序如图 7-24 所示。

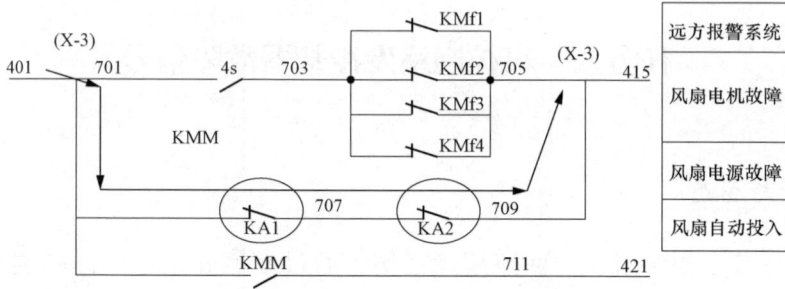

图 7-23 主变压器风机发信回路

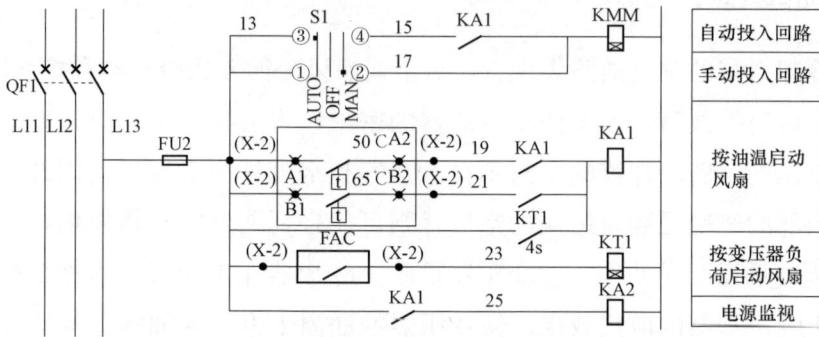

图 7-24 主变压器风机发信动作原理图

按油温启动：当油温大于 65℃时，65℃油温触点闭合，启动 KA1，并由 50℃油温触点自保持，KA1 控制回路上的动断触点断开使 KA2 失电，KA2 失电其动断触点闭合，因此在启动时不会发故障信号。

当油温低于 50℃时，50℃油温触点断开，KA1 失电，信号回路上的动断触点闭合，同时 KA1 控制回路上的动断触点闭合使 KA2 励磁，KA2 励磁后才把信号回路上的动断触点打开。

很明显，KA2 励磁后才把信号回路上的动断触点打开需要几十毫秒的时间，KA1 失电 KA2 得电的瞬间，信号回路正电→中间继电器 KA1 的辅助动断触点→中间继电器 KA2 的辅助动断触点→负电导通，发故障信号。

三、防控措施

（1）临时处理方式：由 KA1 的辅助触点来控制 KA2，势必存在着

KA1 的辅助触点先于 KA2 的辅助触点动作的现象。针对较灵敏的保护装置来说，该回路设计不合理，因此，将 KA1 控制 KA2 的辅助触点短接，KA1 信号回路上的辅助动断触点短接。然而实际功能不变，KA2 继续起到电源监视的作用。

（2）根治方案：该回路存在设计缺陷，对回路进行改造才能彻底消除缺陷。

任务九　冷却装置电源无法自动投切

≫【任务描述】

本任务主要讲解冷却装置电源故障案例。通过案例介绍，掌握同类型故障的分析与处理能力。

≫【典型案例】

一、案例描述

主变压器冷却装置电源无法从Ⅰ段自动切换至Ⅱ段。

二、过程分析

现场情况：Ⅰ段电源能够正常运行，但是无法自动切换到Ⅱ段，Ⅱ段电源上的相序保护器（电源监视器）FX2 指示灯不亮，然而其上端三相端子存在正常交流电，推断该相序保护器已失效，如图 7-25 所示。

冷却装置Ⅰ、Ⅱ段电源投切控制回路如图 7-26 所示。

该冷却器控制系统的核心部件是 PLC，全程监控变压器及其冷却装置的运行状况并适时发出相应的指令，启动冷却装置。正常情况下，当冷却装置工作电源由Ⅰ段供电时，触点 J1 闭合，触点 J2 断开，Ⅱ段电源回路失电。当冷却装置电源到达自动轮换周期需要从Ⅰ段投入到Ⅱ段时，PLC

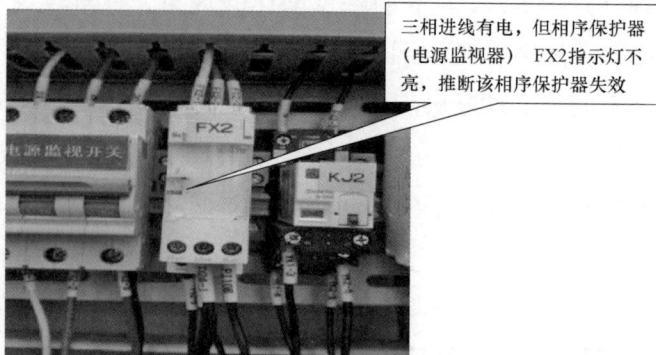

三相进线有电，但相序保护器（电源监视器）FX2指示灯不亮，推断该相序保护器失效

图 7-25　现场情况

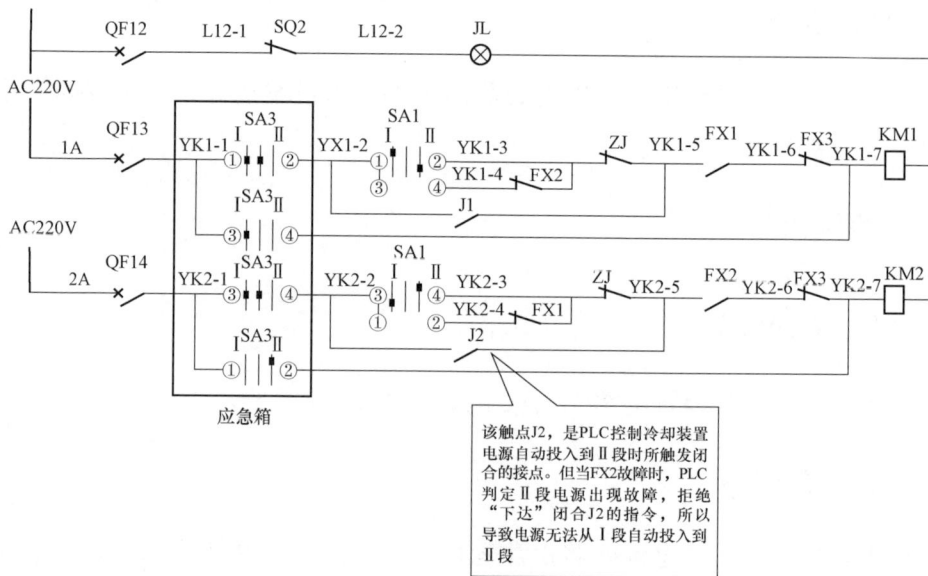

该触点J2，是PLC控制冷却装置电源自动投入到Ⅱ段时所触发闭合的接点。但当FX2故障时，PLC判定Ⅱ段电源出现故障，拒绝"下达"闭合J2的指令，所以导致电源无法从Ⅰ段自动投入到Ⅱ段

图 7-26　冷却装置Ⅰ、Ⅱ段电源投切控制回路

首先判定Ⅱ段电源是否正常，即通过对Ⅱ段电源相序保护器（Ⅱ段电源监视器）FX2的反馈信号进行接收，如果未接收到故障信号，则PLC将触发断开J1触点，闭合触点J2，工作电源自动切换至Ⅱ段。但由于现场实际情况为FX2故障而无法正常监视Ⅱ段电源，则PLC判断Ⅱ段电源故障，于是中止了切换电源的指令，导致了"1号主变压器冷却装置电源无法从Ⅰ段

自动切换至Ⅱ段"的情况。更换 FX2 后缺陷即消除。此外还发现 KM1 接触器上端 B 相电缆有烧焦痕迹，决定更换 KM1 继电器（更换该继电器需要短时断开冷却装置总电源，会导致冷却器全停，因此在更换 KM1 前应先将主变压器冷却器全停保护压板取下，防止主变压器跳闸）时发现接触器接线端烧焦情况非常严重，如图 7-27 所示。

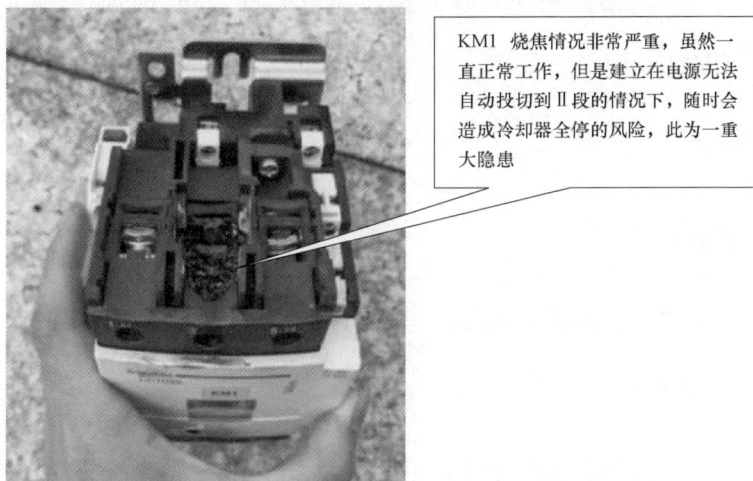

KM1 烧焦情况非常严重，虽然一直正常工作，但是建立在电源无法自动投切到Ⅱ段的情况下，随时会造成冷却器全停的风险，此为一重大隐患

图 7-27　KM1 接触器上端 B 相电缆烧焦情况

根据判断，由于上端头进线没有彻底和 KM1 紧固，导致电阻增大引起过热。

三、结论建议

（1）风控回路的缺陷严重影响到主变压器的正常运行，一旦冷却系统全停将导致主变压器强迫停运。关于相序保护器，除了在风控回路当中使用，在各种设备机构中也普遍使用，其作用是监视电源是否正常，所以该部件处于长期励磁状态，故障的概率也因此大大提高。所以对于该部件的质量要求就比较高，在采购该产品应予以考虑。

（2）在变电设备竣工验收过程中，要对各接线紧固情况进行仔细检查，以免发生连接不良而导致过热、回路失效等故障，从而影响设备正常运行。

任务十　冷却器发潜油泵故障信号

》【任务描述】

本任务主要讲解冷却器故障案例。通过案例介绍，掌握同类型故障的分析与处理能力。

》【典型实例】

一、案例描述

主变压器冷却器故障，控制系统显示"3、4号油泵故障"。

二、过程分析

主变压器冷却器故障，控制系统显示"3、4号油泵故障"，现场检查3、4号油泵故障灯亮。现场重启3、4号油泵电源空开，复合开关"故障"灯灭，开始正常工作。通过对回路进行检查，发现3、4号油泵复合开关内部辅助触点不可靠。主变压器冷却器自动控制装置内部接线如图7-28所示。

三、防控措施

该冷却回路为近两年新改造系统，之前老式风控回路的弊端（详见任务八）虽然消除，但同时也暴露出了新的问题：复合开关及相关元器件质量不稳定引起损坏缺陷较多。结合上述问题，为避免同样情况再次发生，采取了相应的整改措施：结合现场处理缺陷的机会，除了更换损坏或者不稳定的复合开关，并拆除复合开关辅助触点，在复合开关上端空开加装辅助触点，信号直接从空开送至PLC，避免因辅助触点故障影响PLC正常运作，导致油泵无法启动。经检验核对，此改动不影响冷却系统正常运行。

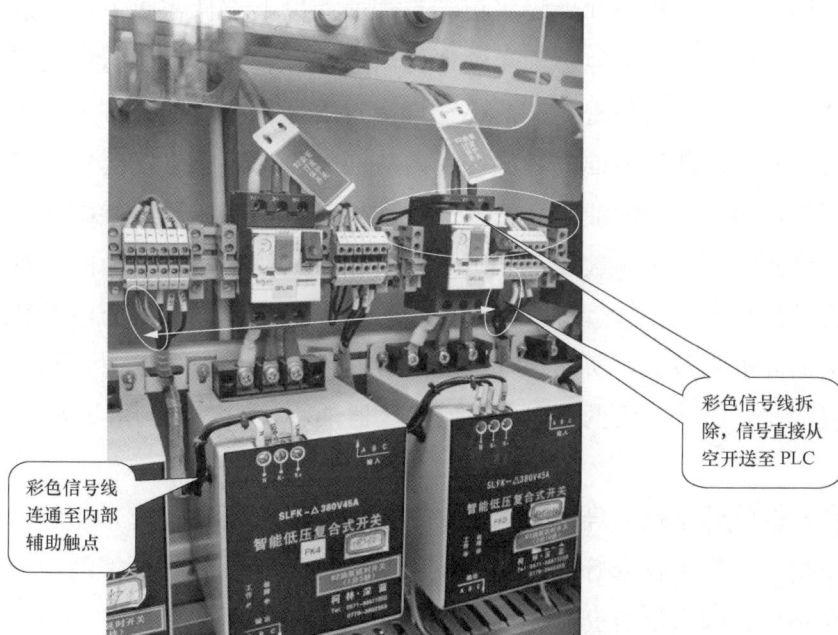

图 7-28　主变压器冷却器自动控制装置内部接线

任务十一　套管介质损耗超标

【任务描述】

本任务主要讲解套管介质损耗超标故障案例。通过案例介绍，掌握同类型故障的分析与处理能力。

【知识要点】

电容式套管的密封问题表现在两个方面：一是套管自身密封不良；二是套管将军帽（导电头）的密封不良。

（1）套管自身密封不良。油纸电容式套管的内绝缘由于工作场强较高，且油量较少，密封不良，将对套管的绝缘构成很大危险。若套管顶部储油柜用以调节油位作用的弹性膨胀板等套管油面以上部件密封不好，造成套管内部进水受潮，使电容芯子受潮劣化而危及套管的安全运行。上瓷套与中间法兰、下瓷套的各密封口及小套管密封不好，在油压的作用下更多地表现为向套管外部渗漏油，造成套管内缺油故障。其中下瓷套各密封口密封不好时，由于套管的油位高于变压器油位，将向变压器内渗漏油，且平时运行维护时渗漏不易被发现。用介质损耗试验在一定程度上能发现电容式套管的密封不良，套管进水受潮时，tanδ 增大，由于水的介电系数比变压器油的介电系数大，所以套管电容量 C 也增大；套管缺油时，储油柜上的空气膨胀，由于空气的介电系数比变压器油小，则套管的电容量 C 有所下降。

（2）套管将军帽（导电头）密封不良。对油纸电容式套管的引线是穿缆式结构的，如果在套管顶部将军帽密封结构不好或是将军帽的沟槽与胶垫配合不好，雨水沿着套管铜导管中的引线渗进变压器引线的根部，并扩散到附近线段并使其受潮，导致变压器线段的匝间短路损坏。因此套管将军帽的密封优劣将直接危及变压器本体的安全运行。所以在变压器安装或检修时，特别要注意此处密封处理。

≫【典型实例】

一、案例描述

主变压器 110kV 套管介质损耗偏高。

二、过程分析

主变压器 110kV 套管介质损耗试验时，发现 A 相套管介质损耗数据超标。通过外绝缘清扫以及对套管安装螺栓接触面处理等手段后，套管介质损耗仍超标。一般情况下，导致套管介质损耗值 $\tan\theta$ 偏高的原因为内部绝缘受潮或老化引起。

了解情况后，对 1 号主变压器 110kV A 相套管将军帽各组件进行解体检查，拆卸部件后发现金属压帽内部聚集一摊水迹（见图 7-29）。

对受潮点进行干燥处理后，装复将军帽，再次进行套管介质损耗试验，试验数据在合格范围内，如图 7-30 所示。

图 7-29　套管将军帽内部
　　　　　存有积水

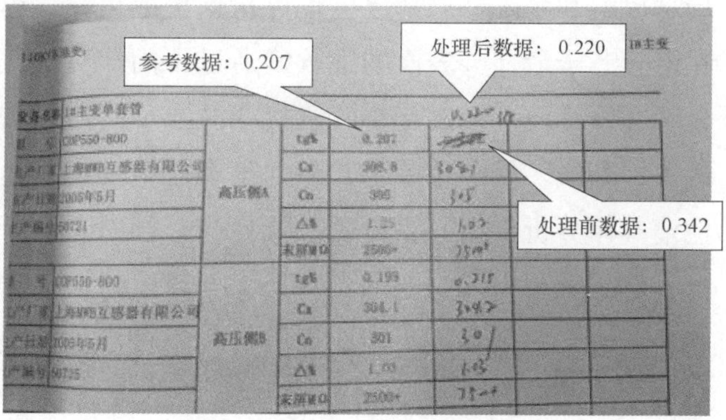

图 7-30　套管介质损耗试验数据

三、防控措施

变压器反措项目当中要求定期对变压器箱体进行水冲洗以提高冷却效率，但由于冲洗过程当中防护措施不到位导致部件进水受潮则会引发严重的缺陷，例如套管头部的防护未做完善就会导致上述的套管介质损耗超标。因此在变压器检修过程中，要严格控制湿度，对于不能进水的部件在进行维护工作前要做好防水措施。

任务十二　套管末屏渗油

》【任务描述】

本任务主要讲解套管末屏渗油故障案例。通过案例介绍，掌握同类型故障的分析与处理能力。

≫ 【知识要点】

套管末屏又称为试验抽头，用来测量套管电容和介质损耗，测量套管局部放电和变压器局部放电也可从这里取信号。套管的末屏是用一根焊接在电容芯子最外屏表面的细软线通过中间法兰上小套管引出的，工作时小套管必须接地。在改变小套管接线时，可能使末屏的细软线发生转动，造成末屏断线，使电容芯子开路并出现放电现象。这种故障发生时，套管油色谱气体分析中会有少量的乙炔产生；同时，由于末屏断线相当于在原有电容芯子上再串入一电容，则套管电容量 C 将变小。另外，末屏由于与套管内部电容芯子相连，因此末屏密封不良渗油将会导致套管油面降低，对套管安全造成威胁。

≫ 【典型实例】

一、案例描述

主变压器 110kV 套管油位不可见。

二、过程分析

现场情况：运行人员上报某变电站 1 号主变压器 110kV 套管 B 相油位不可见。检修人员当即停电检查处理，打开将军帽发现内部只有极少量油，如图 7-31 所示。查找渗油点，发现为该套管末屏存在渗油（见图 7-32），需要更换末屏。套管末屏检查处理过程如图 7-33 所示。

更换末屏后，试验人员对套管和末屏进行了介质损耗和绝缘试验，油务人员对套管的油进行了色谱和微水试验，所有试验均合格，最后油务人员对套管补充油至适当油位。

三、结论建议

（1）套管油位的运行监视非常重要，一旦油位不足且在负荷较高的情

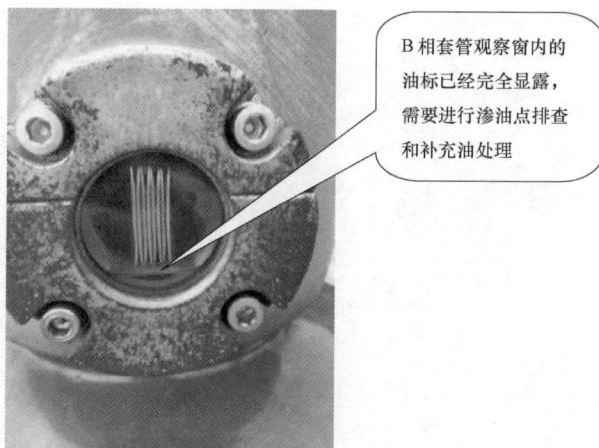

B 相套管观察窗内的油标已经完全显露，需要进行渗油点排查和补充油处理

图 7-31　套管油位观察窗

套管末屏存在渗油迹象

图 7-32　套管末屏的渗油现象

况下，很可能导致套管爆炸，有极大的安全隐患。

（2）在日常年检过程中经常能够发现老旧变压器的套管末屏存在各种问题，包括接地不良、难以拆卸、绝缘或者介质损耗试验不合格。在日常年检中，要对末屏提高重视，做好预防性的措施（如更换外部老化的密封圈等）。

（3）在对末屏进行试验时，一定要使用专用工具进行按压，不能贪图省事使用螺丝刀等工具，以免受力不均匀导致末屏内部受损。

对B相套管末屏进行更换

在套管底部发现一摊油迹，经过检查发现是套管末屏处渗油

图 7-33　套管末屏检查处理过程

任务十三　套管末屏烧损

≫【任务描述】

本任务主要讲解套管末屏烧损故障案例。通过案例介绍，掌握同类型故障的分析与处理能力。

≫【典型实例】

一、案例描述

主变压器 220kV 套管末屏放电烧损。

二、过程分析

某变电站 1 号主变压器 220kV A 相套管在年检例行试验过程中，发现试验抽头漏油现象，随即进行油样化验，甲烷、乙炔、氢气含量超标，结果见表 7-3。

表 7-3　　　　　　　　　　　油样化验气体含量结果　　　　　　　　　（μL/L）

甲烷	乙烯	乙烷	乙炔	氢气	一氧化碳	二氧化碳	总烃
366.01	531.77	90.58	129.86	951.18	464.44	166.43	1118.22

现场已更换新套管，但要求该漏油套管返厂解体分析，以下是分析情况。

1. 试验抽头拆解

打开护套盖，其引线护套外观良好，然后按照图 7-34（a）～（f）步骤进行拆解。

(a)

(b)

(c)

(d)

图 7-34　试验抽头拆解步骤（一）

(e)   (f)

图 7-34   试验抽头拆解步骤（二）

2. 套管电容芯子拆解

拆除套管油枕，上、下瓷套和法兰后，拆解芯子如图 7-35 所示。

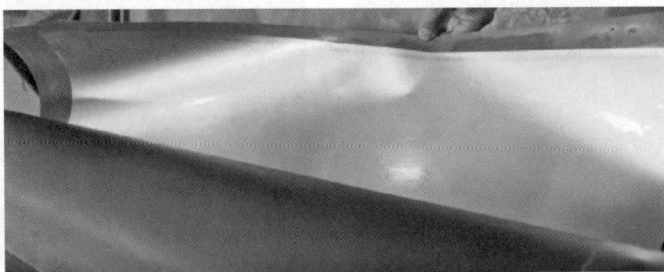

图 7-35   套管电容

从套管芯子拆解过程中发现：套管芯子完好，如图 7-36 所示。

试验抽头引线
与末屏焊接点

图 7-36   套管末屏引出线

3. 原因分析

套管试验抽头结构实物如图 7-37 所示，试验抽头原理如图 7-38 所示。

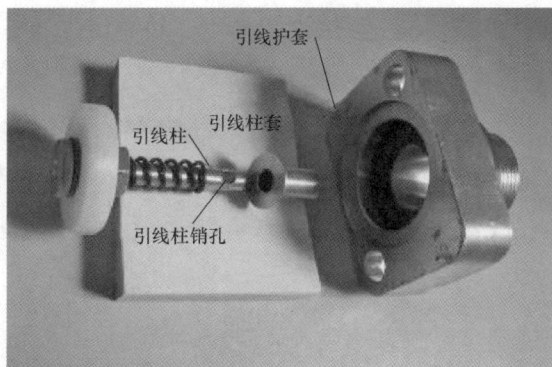

图 7-37 套管试验抽头结构实物图

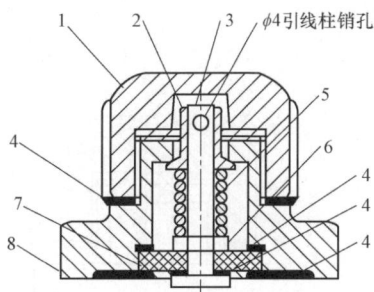

图 7-38 套管试验抽头结构原理图

1—抽头盖；2—接地套；3—引线柱；

4—密封垫；5—弹簧；6—铜螺母；

7—绝缘垫；8—末屏座

　　套管末屏通过引线与引线柱焊接在一起，经弹簧压紧引线柱套与引线护套，引线柱套与引线柱间无阻碍，可自由滑动，引线柱套与引线柱端面基本在同一平面上使末屏良好接地，如接触不良，会产生悬浮放电。

　　通过油样化验结果和试验抽头解体分析，得出结论：套管试验抽头接地不良造成该处持续悬浮放电，是最终导致试验抽头绝缘片击穿并在击穿点处发生漏油现象的主要原因。

三、结论建议

　　套管试验抽头结构原理图如图 7-39 所示，试验专用工具如图 7-40 所示。检修试验过程中，试验人员要规范操作，确保试验结束后，试验抽头良好接地，正确操作步骤如下：

　　（1）取下引线护套盖，按下接地套，把一根 $\phi 3$ 钢销插入引线柱的 $\phi 4$ 小孔中，再松开接地套。此时切勿转动引线柱。这时引线柱与法兰已断开。

　　（2）把一根引线固定在引线柱上，使引线与引线柱良好接触，并与试验设备连接后，可进行试验。

　　（3）试验结束后，取下引线，压下接地套，取出 $\phi 3$ 钢销，再松开接地

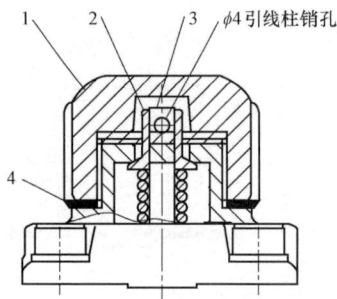

图 7-39 套管试验抽头结构原理图

1—护套盖；2—接地套；3—引线柱；4—密封垫

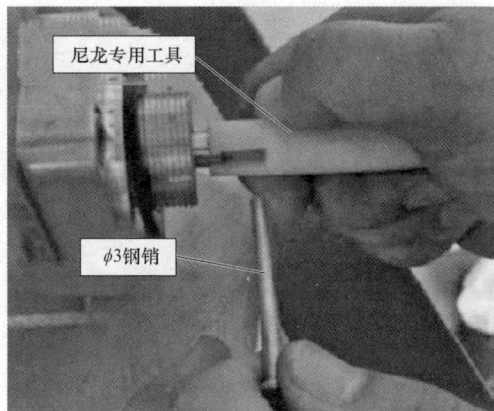

图 7-40 试验专用工具

套。此时要确保接地套恢复原位。

（4）用万用表检查引线柱与套管法兰之间是否导通，确认引线柱与套管法兰已良好接触。旋紧引线护套盖（拧紧力矩 20N·m），确保密封，以防吸潮。

任务十四 套 管 过 热

》【任务描述】

本任务主要讲解套管过热故障案例。通过案例介绍，掌握同类型故障的分析与处理能力。

》【知识要点】

载流接头是变压器本身及其联系电网的重要组成部分，接头连接不好，将引起发热甚至烧断，严重影响变压器的正常运行和电网的安全供电。因此，套管头部过热问题一定要及时得到处理。在变压器的运行和检修过程中，套管将军帽过热缺陷是比较的典型缺陷之一，需要采取必要的预防措施。

≫【典型实例】

一、案例描述

主变压器高压套管严重过热。

二、原因分析

主变压器高压套管将军帽与引线导电头是螺纹接触，导电杆内无并压紧螺母。发热主要原因是将军帽导电杆 3 与引线导电头 4 之间为螺纹接触导电，螺纹牙纹较大易引起接触不良。安装时应将将军帽导电杆 3 旋紧使之与引线导电头 4 可靠接触。安装时将军帽拧紧后若不采取措施，用于固定将军帽的螺栓与下法兰丝口无法对齐，只得倒旋将军帽来对准丝口，这样导致固定销和销口上沿没有着力，将军帽与引线导电杆螺纹没有紧密接触。此种情况下，主变压器套管头能满足常温额定负载运行条件，但在高温、大负荷下易发热。BRDLW1 型头部结构如图 7-41 所示。

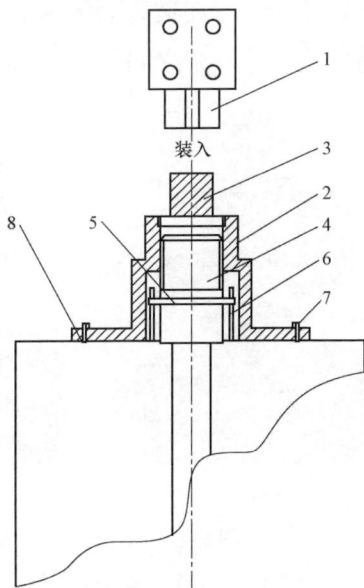

图 7-41　BRDLW1 型头部结构

1—接线板；2—将军帽；3—将军帽导电杆；

4—引线导电头；5—固定销；6—销座；

7—固定螺栓；8—密封纸垫

三、防控措施

（1）现场处理方式：在安装将军帽时，在将军帽内增加 1 只厚度为 2mm 左右厚度垫圈，以此来保证在拧紧将军帽的情况下与法兰丝口对齐。

（2）主变压器高压套管将军帽的安装方式通常有以下三种类型：

图 7-42 中的"安装方式一"，安装方法是：将变压器导电杆从套管中心孔中穿出后将"T"形螺帽安装在导电杆上并旋转至导电杆上螺纹的根部，然后把将军帽安装到导电杆上且顺着螺纹旋转到将军帽底平面与"T"形螺帽上平面相贴合后，再用扳手将"T"形螺帽和将军帽相互背紧（防止变压器运行中由于振动引起导电杆与将军帽之间的连接松动而产生过热）后，再把将军帽固定在套管储油柜上部的固定法兰上。因为这种安装方式是将军帽和导电杆之间、将军帽和"T"形螺帽之间配合紧密，使有效的载流面积远远大于后两种安装方式的载流面积，所以这种方式安装的套管将军帽不会出现过热现象（除非安装配合不紧）。而安装方式二和安装方式三因为结构不同，将军帽和导电杆之间的配合紧密情况难以控制，容易发生过热情况。

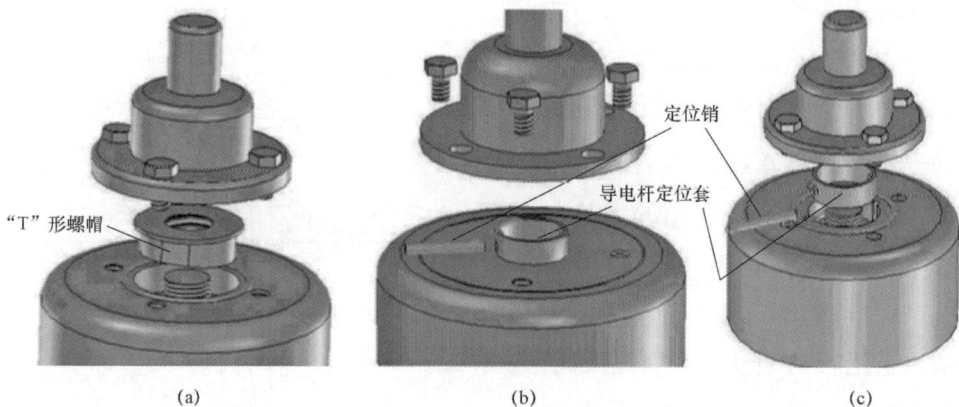

图 7-42　主变压器高压套管将军帽三种常见安装方式
(a) 安装方式一；(b) 安装方式二；(c) 安装方式三

任务十五　后台发主变压器本体油位偏高告警

≫【任务描述】

本任务主要讲解主变压器本体发油位异常信号故障案例。通过案例介绍，掌握同类型故障的分析与处理能力。

》【知识要点】

由于胶囊式储油柜采用简洁的方法来指示储油柜的油位，运行中可能会出现假油位。假油位是指油位计指示油位与储油柜的实际油位不相符，不同储油柜结构产生假油位的原因是不相同的。

（1）小胶囊油位计本身指示不准。若在小胶囊的油位计注油时，小胶囊内部的气体未排尽，由于空气的膨胀系数比油大，造成油位计的指示油偏高，当环境温度高变压器负载大时，油位计可能会喷出油。若油位计顶部的呼吸塞拧得过紧，造成油位计内的空气不能自由呼吸，也会发生假油位。

（2）吸湿器堵塞。吸湿器堵塞时，胶囊内部的空气不能自动地与外界呼吸，储油柜油面上会产生额外的空气压力，并作用到小胶囊上，使油位计产生假油位，这种情况往往使指示油位偏高。

（3）储油柜与胶囊之间的空气未排尽及胶囊破裂。这两种情况更多的表现会对变压器油产生劣化，胶囊破裂可能危及变压器的正常安全运行。但从假油位方面而言，只要吸湿器畅通，对油位计的指示油位影响不是很大。

（4）油位计接点进水受潮导致绝缘下降误发信，油位计实际指示正常，但后台发"油位异常""油位偏高""油位偏低"等告警。

》【典型实例】

一、案例描述

某变电站后台发信"2号主变压器油位偏高"。

二、过程分析

现场观察2号主变压器油位计指示正常，而后台发信"2号主变压器油位高"，存在两种可能：① 油位计内部机械故障导致油位指针与实际油位不符；② 油位计接点受潮或者电缆绝缘下降导致误发信。

待2号主变压器停役时，对2号主变压器本体油枕进行放油，准备拆卸油位计进行检查。发现当油枕油放到指定油位后，油位计指示未发生变化，拆下油位计发现两个问题：① 摆动油位计摆杆时，指针卡住不动；② 油位计接点外包玻璃罩破裂，接点受潮严重。油位计指针卡涩如图 7-43 所示。

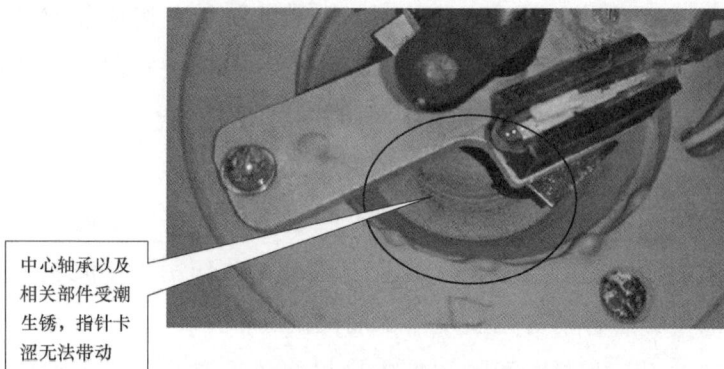

中心轴承以及相关部件受潮生锈，指针卡涩无法带动

图 7-43 油位计指针卡涩

导致指针卡涩的是油位计内部进入水汽，中心轴承以及相关部件受潮生锈导致转动轨迹受阻。从图 7-44 中可以看出生锈部件在转动轨迹上摩擦产生的锈迹。

油位计接点外包玻璃罩破裂，接点受潮严重

图 7-44 油位计接点玻璃罩破裂

通过绝缘电阻表对油位计接点进行绝缘电阻检测，数据显示不合格。

三、防控措施

（1）对于可更换接点的油位计，只需更换受潮接点即可；但许多油位计接地与表计为一体式，不可拆卸，此种情况只能更换油位计。

（2）为了节约维修成本，研发一种预防油位计接点进水受潮的装置（如防雨罩），以避免表计进水受潮引起的一系列故障。

任务十六　主变压器油位低报警

≫【任务描述】

本任务主要讲解主变压器油位异常故障案例。通过案例介绍，掌握同类型故障的分析与处理能力。

≫【典型实例】

一、案例描述

某变电站主变压器本体油位低报警。

二、过程分析

现场检查本体油位指示为最低值，主变压器无漏油异常现象。结合主变压器停役，对本体油位计进行检查处理。拆除油位计发现浮球连杆弯曲变形，如图 7-45 所示，推测由于浮球被油枕底部钢丝卡住，导致油位变化时油位计不能正常指示并将油位计浮球连杆顶弯。

拆除油枕侧面闷盖，将油位计浮球连杆拆除，调整后重新安装，如图 7-46 所示，补油后油位计指示正常。

图 7-45　主变压器本体油位计检查

图 7-46　主变压器本体油位计连杆弯曲调整

三、防控措施

（1）加强主变压器油位的运行监视，在温度或负荷变化较大的情况下，若油位计指示没有变化或异常变化，应考虑是否油位计浮球存在卡滞或油枕内部胶囊袋破裂，从而影响了油位计的正常指示。此时应尽快安排设备停电检查，以免事故扩大。

（2）加强油枕安装工艺，包括胶囊、油位计安装以及油枕排气，确保胶囊胀缩空间、油位计浮球运动正常，排尽油枕内部变压器油中的气体，消除假油位。

任务十七　储油柜胶囊破裂

▶【任务描述】

本任务主要讲解储油柜胶囊破裂故障案例。通过案例介绍，掌握同类型故障的分析与处理能力。

▶【知识要点】

一、储油柜密封不良

隔膜式储油柜的法兰既需要压紧隔膜，又起着储油柜上下两节之间的密封。这种结构决定了该密封面比较容易发生渗漏油，且发生渗漏油的实例很多。对胶囊式储油柜要注意油面以上部分的密封情况，如放气塞、胶囊口与吸湿器连管处等密封，因为这些部位密封不良会造成水分进入变压器内部，危及变压器的安全运行。

二、胶囊或隔膜破裂

胶囊或隔膜破裂时，外界的空气直接与变压器油相接触，氧气和水分使变压器油产生劣化。所以检修时应检查胶囊或隔膜的完好性。

▶【典型实例】

一、案例描述

主变压器油位计指针卡涩。

二、过程分析

现场检查发现是油枕内部的胶囊破裂，压断了油位计的浮球连杆，从而导致油位指示不正确。打开油枕发现胶囊破裂，如图 7-47～图 7-49 所示。

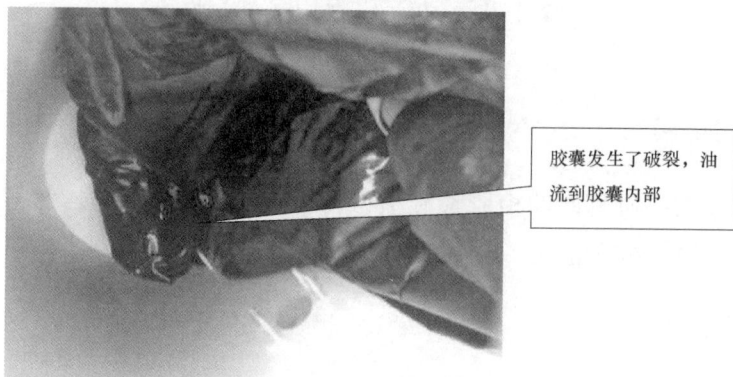

胶囊发生了破裂，油流到胶囊内部

图 7-47　胶囊破裂

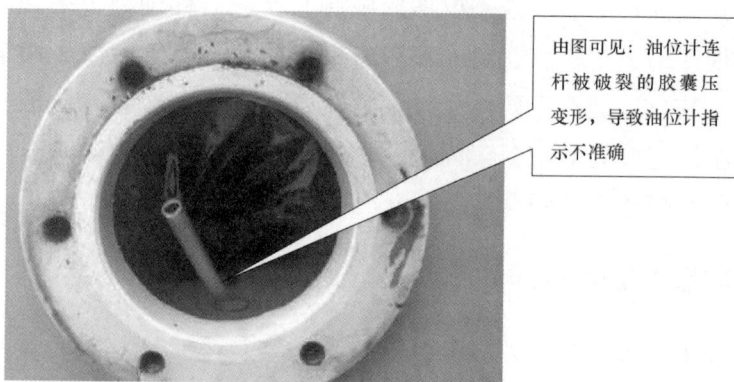

由图可见：油位计连杆被破裂的胶囊压变形，导致油位计指示不准确

图 7-48　油位计连杆变形

对胶囊和油位计连杆进行更换。在更换过程中发现油枕内胶囊的两个固定挂钩边缘处异常锋利，当胶囊膨胀时将导致胶囊极易被此处割破，如图 7-50 所示。

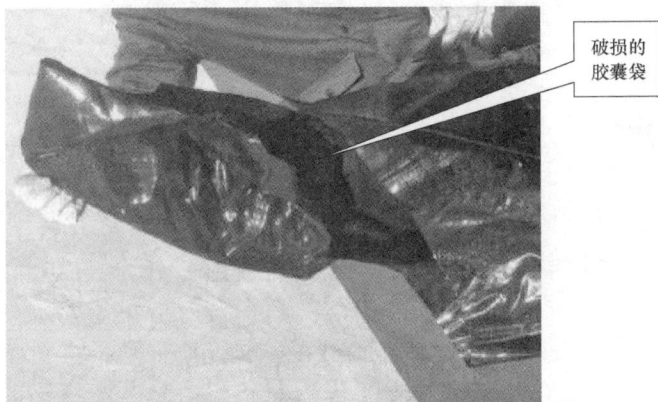

破损的
胶囊袋

图 7-49 破损胶囊

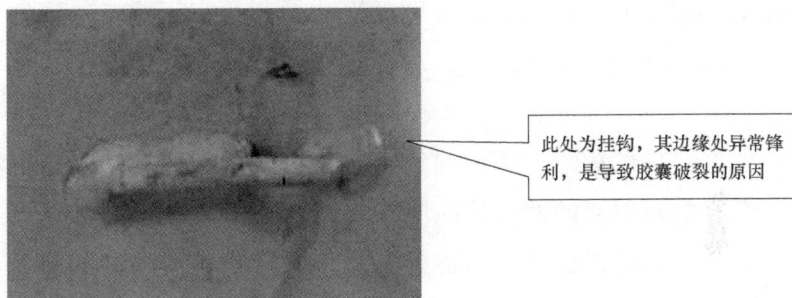

此处为挂钩，其边缘处异常锋
利，是导致胶囊破裂的原因

图 7-50 油枕内部胶囊挂钩存在毛刺

三、防控措施

（1）用平锉对挂钩进行打磨处理，使其外表光滑无毛刺。

（2）对胶囊和油位计连杆进行更换，将油补充至当前合适位置，再对胶囊进行充气处理，确保油位真实。

任务十八 气体继电器渗油

》【任务描述】

本任务主要讲解气体继电器渗油故障案例。通过案例介绍，掌握同类型故障的分析与处理能力。

》【知识要点】

气体继电器故障主要是发生误动作，其原因有：

（1）二次回路绝缘不良。气体继电器顶盖积有水，将出现端子短接；二次回路绝缘破坏，造成回路被短接，使继电保护误动作。

（2）气体继电器的动作整定值过低。气体继电器的动作整定值过低，可能会造成气体继电器误动作。特别对强油循环的变压器，油泵的开停都会在气体继电器产生一定的油流，若动作整定值过低，可能会发生变压器误跳闸。

（3）发生穿越性故障。系统内发生短路故障时，强大的短路电流流过变压器内部，短路电流的冲击可能使气体继电器误动作。

此外，气体继电器也是变压器渗油较多的部件，通常渗油部位有：两侧法兰、视窗密封、集气盒连接铜管接头、接线端子、探针等。确定渗油部位，并考虑渗油处理的安全距离（是否需要停电处理）是检修人员勘查缺陷时的首要考虑因素。

》【典型实例】

一、案例描述

主变压器气体继电器渗油。

二、过程分析

现场检查发现主变压器气体继电器渗油严重，平均每秒一滴，地面积聚较大面积油迹。观察气体继电器发现整体布满油迹，并挂有油滴，如图7-51、图7-52所示。

图 7-51　气体继电器渗油导致油池
　　　　　内积聚大量油迹

图 7-52　气体继电器整体布满油迹并挂有油滴

当前油温 50℃，当前油位接近 40℃（暂时正常），变压器运行正常，但应尽快安排处理。

停电后开始检查，气体继电器两侧与油管连接紧密，不存在螺栓松动现象。打开气体继电器上盖，发现探针外部波纹管以及整个气体继电器表面均布满油迹，怀疑是探针某部位存在裂缝，如图7-53所示。

与运行人员沟通得知该缺陷刚刚出现。据分析，该缺陷刚刚发生，并且油渗漏速度较快（每秒1滴），当时近几天气温刚刚大幅回升。由于油温快速上升从而膨胀导致油压增加，将探针某部位胀破，产生裂缝。

三、防控措施

（1）立即更换气体继电器，并做好排气工作，恢复送电前确保两侧阀

213

图 7-53　气体继电器探针外部波纹管存在裂缝

门均已打开。

（2）本体重瓦斯应 24h 后由信号改跳闸。因为消缺工作涉及油路的变化，工作过程中难免有气体进入，如果立即将重瓦斯压板投入跳闸，有可能引起重瓦斯动作跳开关，造成不必要的后果。

任务十九　有载分接开关油室内渗

》【任务描述】

本任务主要讲解有载分接开关油室内渗故障案例。通过案例介绍，掌握同类型故障的分析与处理能力。

》【知识要点】

一、有载分接开关渗油

（1）变压器箱盖上分接开关密封渗漏油。

故障原因：① 安装不当；② 密封材料质量不好年久变质。

处理方法：① 如是箱盖与开关法兰盘间漏油，应拧紧固定螺母；如是转轴与法兰盘或座套间漏油，应拧下定位螺栓，拧紧压缩密封环的塞子。② 用新的密封件予以更换。

（2）储油柜油位异常升高。

故障原因：① 如调整分接开关储油柜油位后仍继续出现类似故障现象，应判断为油室密封缺陷，造成油室中油与变压器本体油互相渗漏；② 油室内放油螺栓未拧紧，造成渗漏油。

处理方法：分接开关揭盖寻找渗漏点，如无渗漏油，则应吊出芯体，抽尽油室中绝缘油，在变压器本体油压下观察绝缘护筒内壁、分接引线螺栓及转轴密封等处是否有渗漏油。然后，更换密封件或进行密封处理。有放气孔或放油螺栓的应紧固螺栓，更换密封圈。

（3）变压器本体内绝缘油的色谱分析中氢、乙炔和总烃含量异常超标。

故障原因：停止分接变换操作，对变压器本体绝缘油进行色谱跟踪分析，如溶解气体组分含量与产气率呈下降趋势，则判断为油室的绝缘油渗漏到变压器本体中。

处理方法：分接开关揭盖寻找渗漏点，如无渗漏油，则应吊出芯体，抽尽油室中绝缘油，在变压器本体油压下观察绝缘护筒内壁、分接引线螺栓及转轴密封等处是否有渗漏油。然后，更换密封件或进行密封处理。有放气孔或放油螺栓的应紧固螺栓，更换密封圈。

二、有载分接开关内部放电及直流电阻异常

（1）运行中分接开关频繁发信动作。

故障原因：油室内存在局部放电，造成气体的不断积累。

处理方法：吊芯检查有否悬浮电位放电及不正常局部放电源。

（2）切换开关动触头 Y 形臂中性线对主触头之间放电，造成变压器二分接间短路故障。

故障原因：切换开关 Y 形臂中性线，为裸多股软线，易松散并坐落在切换开关相间分接接头间，在级电压下易击穿放电。

处理方法：切换开关 Y 形臂中性线加包绝缘。

（3）分接开关有局部放电或爬电痕迹。

故障原因：紧固件或电极有尖端放电，紧固件松动或悬浮电位放电。分接开关有局部放电或爬电痕迹。

处理方法：排除尖端，加固紧固件，消除悬浮放电。

（4）连同变压器绕组测量直流电阻呈不稳定状态。

故障原因：运行中长期不动作或长期无电流通过的静触点接触面形成一层膜或油污等造成接触不良。

处理方法：每年结合变压器小修，进行 5 个循环的分接变换。

》【典型实例】

一、案例描述

有载分接开关油位频繁偏高。

二、过程分析

某变电站一台 110kV 变压器（配 M 型有载开关）运行时发现有载分接开关储油柜油位指示高于正常范围，在带电排低油位后，一个月之后发现油位又高于正常范围，现场检查变压器运行正常，变压器本体油位在正常范围内，外观无渗漏油痕迹。分析判断原因可能为有载分接开关油室与变压器本体之间密封受损，由于变压器本体油位高于有载分接开关油位，因而变压器本体油向有载分接开关油室内渗。

之后安排将该变压器停电检查，吊出有载分接开关切换芯体，抽尽油室中绝缘油，在变压器本体静油压下，检查发现绝缘筒底切换开关与选择器连接转轴密封处渗油，如图 7-54 所示。

三、防控措施

在有载分接开关油室底部轴封处增加一轴封密封，并将有载分接开关切换芯体装复注油后，重新投运变压器。运行一段时间，跟踪发现有载分

轴封处渗油

图 7-54　有载分接开关筒底轴封处渗油

接开关油位在正常范围内无异常变化，渗油缺陷彻底消除。

任务二十　有载分接开关主轴断裂引起多处故障

≫【任务描述】

　　本任务主要讲解有载分接开关主轴断裂故障案例。通过案例介绍，掌握同类型故障的分析与处理能力。

≫【知识要点】

　　有载分接开关动作故障原因多种多样，对其进行故障处理时，需要具体情况具体分析，针对性分析判断处理。

　　以下列举了一些有载分接开关在运行或检修过程当中较常见的动作故障，以及通常的故障原因和处理方法。注意，这些原因有些并不唯一，只是较典型或出现概率较高，仅作参考。

　　（1）有载分接开关连动。

故障原因：交流接触器剩磁或油污造成失电延时，顺序开关故障或交流接触器动作配合不当。

处理方法：检查交流接触器失电是否延时返回或卡滞，顺序开关触点动作顺序是否正确。清除交流接触器铁芯油污，必要时予以更换。调整顺序开关顺序或改进电气控制回路，确保逐级控制分接变换。

（2）手摇操作正常，而就地电动操作拒动。

故障原因：无操作电源或电动机控制回路故障，如手摇机构中弹簧片未复位，造成闭锁开关触点未接通。

处理方法：检查操作电源或电动机控制回路的正确性，消除故障后进行整组联动试验。

（3）电动操动机构动作过程中，空气开关跳闸。

故障原因：凸轮开关组安装移位。

处理方法：用灯光法分别检查 S14～S13（1～n）与 S12～S13（n～1）的分合程序，调整安装位置。

（4）电动机构仅能一个方向分接变换。

故障原因：限位机构未复位。

处理方法：手拨动限位机构，滑动接触处加少量油脂润滑。

（5）分接开关无法控制操作方向。

故障原因：电动机电容器回路断线、接触不良或电容器故障。

处理方法：检查电动机电容器回路，并处理接触不良、断线或更换电容器。

（6）电动机构正、反两个方向分接变换均拒动。

故障原因：无操作电源或缺相，手摇闭锁开关触点未复位。

处理方法：检查三相电源应正常，处理手摇闭锁开关触点接触良好。

（7）远方控制拒动，而就地电动操作正常。

故障原因：远方控制回路故障。

处理方法：检查远方控制回路的正确性，消除故障后进行整组联动试验。

（8）远方控制和就地电动或操作时，电动机构动作，控制回路与电动机构分接位置指示正常一致，而电压表、电流表均无相应变动。

故障原因：分接开关拒动、分接开关与电动机构连接脱落，如垂直或水平转动连接销脱落。

处理方法：检查分接开关位置与电动机构指示位置一致后，重新连接然后做连接校验。

（9）切换开关时间延长或不切换。

故障原因：储能弹簧疲劳，拉力减弱、断裂或机械卡死。

处理方法：调换拉簧或检修传动机械。

（10）分接开关与电动机构分接位置不一致。

故障原因：分接开关与电动机构连接错误。

处理方法：查明原因并进行连接校验。

（11）分接选择器或选择开关静触头支架弯曲变形造成变压器绕组直流电阻超标，分接变换拒动或内部放电等。

故障原因：分接选择器或选择开关绝缘支架材质不良，分接引线对其受力及安装垂直度不符合要求。

处理方法：更换静触头绝缘支架。纠正分接引线不应是分接开关受力。开关安装应垂直呈自由状态。

（12）切换开关吊芯复装后，测量连同变压器绕组直流电阻，发现在转换选择器不变的情况下，相邻二分接位置直流电阻值相同或为二个级差电阻值。

故障原因：切换开关拨臂与拐臂错位，不能同步动作，造成切换开关拒动，仅分接选择器动作。

处理方法：重新吊装切换开关，将拨臂与拐臂置于同一方向，使拨臂凹处就位。手摇操作，观察切换开关是否左右两个方向均可切换动作，然后注油复装，并测量连同边绕组直流电阻值，以复核安装的正确性。

（13）储能机构失灵。

故障原因：① 分接开关干燥后无油操作；② 异物落入切换开关芯体

内；③ 误拨枪机使机构处于脱扣状态。

处理方法：严禁干燥后无油操作，排除异物。

（14）断轴。

故障原因：分接开关与电动机构连接错位或分接选择器严重变形。

处理方法：检查分接选择器受力变形原因，予以处理或更换转轴。进行整定工作位置的判断，并进行连接校验。

>> 【典型实例】

一、案例描述

有载分接开关主轴断裂导致无法调档，同时引起主变乙炔含量严重超标。

二、过程分析

运行人员在巡视中发现主变压器有载分接开关近远控皆无法调节，有载开关机构动作正常，但挡位没有变化。初步怀疑是有载机构传动部位某处断裂导致传动失效。后经油样分析，发现该主变压器乙炔含量严重超标，超过 2000μL/L。为保证电网及设备的安全，立即对该主变压器进行更换处理，故障主变压器返厂检查维修。

待主变压器更换完毕后，公司派检修技术人员赴变压器厂检查主变压器吊芯情况。

以下是吊芯后的检查结果：

（1）切换开关。切换开关主轴断裂如图 7-55 所示。

从图 7-55 可以看到，切换开关传动轴（环氧树脂材料）已完全断裂，这正是导致有载开关无法调挡的原因。

（2）选择开关与极性开关。

从图 7-56、图 7-57 可以看到，选择开关未接触到位，极性开关也正从负切换到正，并未到位。此外还发现极性开关有一相有明显放电痕迹，如图 7-58 所示。

图 7-55　切换开关主轴断裂

图 7-56　选择开关

综合分析，在有载分接开关切换过程中遇到较大阻力，切换开关传动轴断裂，使整个分接调压过程无法顺利完成，中途停止。极性开关动、静触头之间发生放电，从而使主变压器本体内部油乙炔含量急剧升高。而导致分接开关主轴弯曲扭断的主要原因有：

（1）电气限位装置和机械装置失灵，开关滑挡调压至极限位置时扭断主轴。

图 7-57　极性开关

图 7-58　极性开关触头严重放电

（2）分接开关与电动机构连接错位。

（3）分接选择器或触指严重变形。

三、结论建议

（1）有载分接开关的主轴在设计和制造时为保障正常受力，设置了在过载状态下不损坏其他部件的薄弱断轴点，若在卡涩、过挡等状态下调压操作，主轴将被扭断，防止切换、选择配合不当而损坏切换开关和变压器本体内的选择器，造成更大的事故。

（2）一旦发生分接开关主轴断裂故障，运行中分接变换操作后，电压表、电流表无相应变动，分接挡位指示无变化。为避免主轴扭断故障发生，在安装或检修时应先手动调试，确认有载开关连接校验合格，并在极限挡位电气、机械闭锁动作正常后再进行电动操作。

参 考 文 献

[1] 陈敢峰. 变压器检修 [M]. 北京：中国水利水电出版社，2004.

[2] 张德明. 变压器有载分接开关 [M]. 沈阳：辽宁科学技术出版社，1998.